电力电子创新实践教程

牛富丽　曾　正　编著

机械工业出版社
CHINA MACHINE PRESS

随着"双碳"目标的推进，电力电子技术正成为能源结构转型的关键技术，各行业对复合型人才需求增大，新工科背景下高校的电力电子实践课程面临更高要求。传统课程实验往往针对单个知识点进行验证，缺乏系统性思维和跨学科融合能力的培养。本书以理论为基础、创新实践能力培养为目标，以开关电源类、调速系统类等完整项目实践为载体，覆盖拓扑设计至实物调试全流程，强化系统性思维培养，打破传统单一知识点实验模式；将安全理念贯穿实践各环节，从电气、机械安全设计到热管理设计，构建实践项目全流程的安全体系。本书第 1 部分内容介绍了实验实践安全知识及常用电子元器件、PCB 焊接等实践基础知识，第 2 部分内容为开关电源类和调速系统类实践项目，项目内容融合教学经验、科研积累与企业合作案例，紧密贴合工程实际与技术前沿，助力提升学生创新实践与跨学科融合能力，切实满足新工科对高素质人才的培养需求。

本书可作为高校电气工程、自动化等相关专业本科生、研究生和教师开展电力电子创新实践的教材，也可为工程技术人员提供参考。

图书在版编目（CIP）数据

电力电子创新实践教程 / 牛富丽，曾正编著.

北京：机械工业出版社，2025. 7. -- ISBN 978-7-111
-78432-6

Ⅰ. TM76

中国国家版本馆 CIP 数据核字第 202518D088 号

机械工业出版社（北京市百万庄大街 22 号　邮政编码 100037）

策划编辑：刘星宁　　　　　责任编辑：刘星宁　闫洪庆
责任校对：贾海霞　张亚楠　　封面设计：马精明
责任印制：李　昂
涿州市般润文化传播有限公司印刷
2025 年 7 月第 1 版第 1 次印刷
184mm × 260mm · 11.5 印张 · 277 千字
标准书号：ISBN 978-7-111-78432-6
定价：59.00 元

电话服务　　　　　　　网络服务
客服电话：010-88361066　机　工　官　网：www.cmpbook.com
　　　　　010-88379833　机　工　官　博：weibo.com/cmp1952
　　　　　010-68326294　金　书　网：www.golden-book.com
封底无防伪标均为盗版　机工教育服务网：www.cmpedu.com

随着"双碳"目标的持续推进，电力电子技术正在成为能源结构转型的关键支撑技术，在能源高效转换、可再生能源、电气化交通、航空航天等领域的应用日益广泛。与此同时，各行业对兼具理论深度、实践能力和创新思维的电力电子复合型人才的需求越来越大。新工科背景下，注重培养工程实践能力、创新意识和创新能力以及跨学科融合的能力，这对高校的实践课程提出了更高的要求。

现有的大多数课程基础性、验证性实验很好地架起了理论与实践的桥梁，培养了学生必备的基础实验技能、严谨的科学态度和初步的分析能力，为后续更高级的综合性、设计性实验及创新性实践打下了坚实的基础。在此基础上，还需提升工程实践能力和创新能力。本书以创新实践能力培养为目标，通过"学中做、做中学"的模式，在电力电子技术的知识体系基础上，掌握仿真建模、硬件设计、实物制作调试的核心技能，培养系统性思维，提升创新思维和工程意识。书中内容源于编者在电力电子领域多年的教学经验、科研积累及企业合作案例，力求贴近工程实际需求，反映技术前沿动态。

全书内容共9章，分为两部分，第1部分介绍电力电子实践的基础知识，第2部分介绍电力电子实践项目，分为开关电源类和调速系统类两大板块。第1部分包括第1~3章，其中第1章介绍电力电子技术的基本概念、应用场景及电力电子实践的必要性，旨在让读者了解电力电子技术及其应用领域。第2章介绍实验安全相关知识，电力电子实践中安全是首先要强调的重要事项，这一章主要介绍电力电子实践中可能涉及的电气安全、机械安全、消防安全，并从电力电子装置设计角度关注电气安全设计、机械安全设计及热管理设计，让安全贯穿于电力电子实践的每个环节。第3章介绍电力电子创新实践的基础知识，包括常用接插件、电子元器件、功率器件、电路板设计、散热器设计与选型、手工焊接工艺及常用测试测量仪表，本章的内容为后续项目实践提供技术支持和理论基础。第2部分包括第4~9章，其中第4~7章为开关电源项目实践，分别以数据中心供电需求、高效率高功率密度电源、消费电子产品电源供电质量要求、单相系统中的光伏和储能逆变器为典型应用项目，详细阐述反激式开关电源、LLC谐振变换器、功率因数校正电路和单相逆变器的设计实践，从拓扑设计选型、元器件选型、控制策略选取到仿真建模、样机制作、实物调试测试，给出了完整的设计制作测试过程。第 8 章和第 9 章为调速系统项目实践，这两章着眼于直流电机在工业机械、交通运输、家用电器及自动化等领域的广泛应用，分别对典型的单闭环和双闭环控制进行详细介绍，不同于开关电源项目的介绍，电机调速系统侧重于控制器设计，样机测试会涉及电机的动态过程。

　　本书适用于高等院校电气工程、自动化、能源与动力工程等相关专业的本科生和研究生开展电力电子方向系列课程的创新实践，也可供从事电力电子技术研究与开发的工程技术人员参考。教学中可结合"理论讲授 + 仿真验证 + 样机制作 + 项目答辩"的混合模式，匹配不同的课程需求。

　　在编写过程中，本书参考了大量国内外的相关书籍和论文，主要文献资料已列于本书末尾，但难免会有遗漏，在此一并表示衷心感谢。同时，本书部分文稿内容参考了邵伟华、徐先松、王绪龙、曾诚、王霖、张博、郑堃等研究生的实践报告，在此一并表示感谢。最后，感谢所有为本书编写提供支持与帮助的专家学者、同行教师以及出版社的编辑团队。由于编者水平有限，书中难免存在错误与疏漏，恳请广大读者提出宝贵意见，以便我们不断完善和改进。

编者

2025 年 3 月于重庆大学

目 录 /
CONTENTS

第 1 章　绪论

电力电子技术是一门研究电能高效变换与控制的交叉学科，涉及电力技术、电子技术、控制理论及材料科学，主要通过半导体功率器件（如 IGBT、MOSFET、SiC/GaN 器件等）的高效开关特性，实现电能形式（交流 / 直流）、电压等级、频率及相位的灵活变换，在新能源发电、智能电网、电动汽车、工业自动化、航空航天等领域发挥着不可替代的作用。随着"双碳"目标的推进和能源结构的转型，电力电子技术正从传统的辅助性技术转变为能源系统的核心驱动力量。

1.1　电力电子的主要技术内涵

电力电子技术可以对电能形式进行转换，通过变换器调整电压或电流，通过 PWM（脉宽调制）等技术对频率和波形进行控制，优化电能质量。电力电子系统主要由三个关键组成部分构成：功率器件、变换器和控制技术。

功率器件是承担电能变换的核心器件，通过自身的开通和关断实现电能的变换或控制，常见的功率器件如图 1.1 所示。按照开关受控状态分为不控器件、半控器件和全控器件。不控器件的开关状态不受外部信号控制，如二极管，只能单向导电，无法控制开通和关断，常用的肖特基二极管和快速恢复二极管，主要用于整流和限流；半控器件如晶闸管（SCR），只能通过外部信号控制其导通，但无法控制其关断，主要用于可控整流和开关控制；全控器件可以通过外部信号完全控制其导通和截止状态，如 IGBT 和 MOSFET，因其高效能和低导通损耗而被广泛应用。

图 1.1　常见的功率器件

按照器件材料分类，功率器件有 Si 基功率器件、SiC 基功率器件、GaN 基功率器件。Si 基功率器件有 IGBT、MOSFET、晶闸管，技术成熟、成本低，广泛应用在高压直流输电、消费电子、工业电源、光伏逆变器、电动汽车充电模块等领域，但受限于 Si 材料较低的热导率和低的击穿电场强度，很多领域中的 Si 基功率器件正逐渐被 SiC、GaN 等材料器件替代。SiC 基功率器件是宽禁带半导体器件，热导率是 Si 的 3 倍，击穿电场强度是 Si 的 10 倍，耐高温、高压性能好。典型器件有 SiC MOSFET 和 SiC SBD（肖特基二极管），SiC MOSFET 在高频、高效率的应用场合正逐渐替代 Si IGBT；SiC SBD 具有超低反向恢复损耗，可以显著提高系统效率。GaN 基功率器件也属于宽禁带半导体器件，具有优异的高频性能，开关损耗极低，但耐高压能力比 SiC 稍弱。典型器件有 GaN HEMT（高电子迁移率晶体管），适用于高频、高效率开关电源，主要应用于快充充电器、数据中心电源、无线通信等方面。此外，超宽禁带材料 Ga_2O_3 功率器件因其高击穿电场强度、低损耗和高温性能，在电动汽车、可再生能源系统和高温工业电子等领域具有广泛应用潜力。

电力电子变换器是电力电子系统的核心，负责将电能从一种形式变换为另一种形式。常见的变换器类型包括直流 – 直流变换器（DC-DC 变换器）、直流 – 交流变换器（DC-AC 逆变器）、交流 – 直流变换器（AC-DC 整流器）以及交流 – 交流变换器（AC-AC 变换器）等。每种变换器的应用领域不同，例如，逆变器是一种将直流电变换为交流电的变换电路，广泛应用于光伏发电系统中，将直流电变换为交流电并入电网。整流器则是将交流电变换为直流电的设备，常用于充电、电镀、电解和直流调速等领域。此外，DC-DC 变换器用于调整直流电压的大小，而 AC-AC 变换器则用于改变交流电的频率或幅值。这些变换器通过先进的电力电子器件（如 MOSFET 和 IGBT）和控制技术（如自适应控制和模糊逻辑），实现了高效、可靠的电能变换。

为了实现对电能的精确控制，电力电子系统通常需要复杂的控制算法和策略。这些控制技术包括 PWM 控制、数字控制、模糊控制和自适应控制等。通过实时监测和调整，控制系统能够优化电能的转换效率，确保系统在不同工况下稳定运行。例如，构网型变流器的控制策略主要有电压/频率控制、功率同步控制、虚拟振荡控制、下垂控制和虚拟同步机控制。电压/频率控制通过双环或单环控制电压幅值，利用固定频率生成虚拟电压相角实现控制；功率同步控制用于提高弱电网条件下的系统稳定性；虚拟振荡控制通过模拟同步发电机的振荡特性来增强系统的稳定性；下垂控制与传统同步机类似，是应用最广泛的构网型控制策略之一；虚拟同步机模仿同步发电机的动态特性，用于新能源并网系统的稳定运行。总之，先进的控制技术为电力电子系统高效、稳定和可靠的运行提供了保障。

1.2　电力电子的典型应用场景

电力电子技术的广泛应用使其成为现代电力系统和智能设备的核心，主要应用在可再生能源、电气化交通、智能电网、航空航天及工业自动化等领域。

在可再生能源领域，光伏发电系统、风力发电系统、储能系统、微电网与并网控制中广泛用到电力电子技术。

光伏发电系统（见图 1.2）中，光伏逆变器将太阳能电池板输出的直流电（DC）转换为电网兼容的交流电（AC），并实现最大功率点跟踪（MPPT）。直流优化器集成 DC-DC 变换器与通信模块，支持每块组件的独立功率调节，在组件级实现 MPPT，解决光伏阵列因遮挡、老化导致的失配问题。

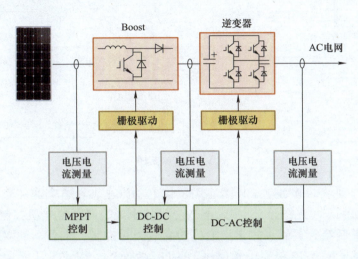

图 1.2 光伏发电系统

风力发电系统（见图 1.3）中，应用于双馈异步发电机（DFIG）的转子侧背靠背变流器，通过调节励磁电流频率，实现亚同步 / 超同步运行；直驱永磁同步发电机中的全功率变流器采用两电平或三电平拓扑，可实现全功率范围控制。

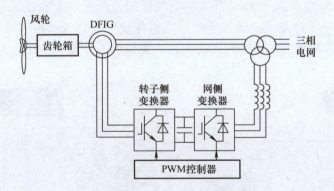

图 1.3 风力发电系统

储能系统中，储能变流器实现电池组与电网间的双向能量流动，支持调频、调峰和黑启动，控制方式有虚拟同步机控制，模拟同步发电机惯量特性；多机并联控制，基于下垂控制或主从模式，实现 MW 级储能电站的功率均流。可再生能源制氢中，大功率 DC-DC 变换器为电解槽提供低纹波、高精度电流。

此外，光储一体化（见图 1.4）作为一种可持续发展的能源利用方式，能够有效解决光伏发电的间歇性和波动性问题，提高电力系统的利用率，降低电网负荷压力，并减少对传统化石燃料的依赖。器件级革新与系统级智能的深度融合将推进电力电子技术在可再生能源中的规模化应用，加速全球能源结构转型。

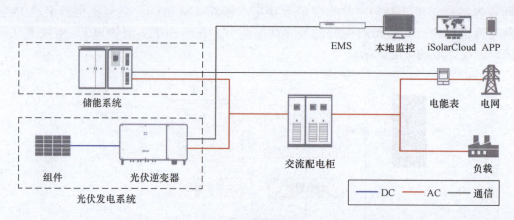

图 1.4　光储系统

在电气化交通领域，电力电子技术应用覆盖电动汽车、轨道交通及充电基础设施三大关键场景。在电动汽车（见图 1.5）中，电力电子技术通过高精度电机控制器（如基于 SiC 器件的三相全桥逆变器）实现永磁同步电机的高效矢量控制，结合车载双向充电机（支持 11kW GaN 快充与 V2G 放电功能）和高压 DC-DC 变换器，构建了从能量存储、驱动到电网交互的全链条解决方案。轨道交通领域，三电平中性点钳位牵引变流器将再生制动能量回馈效率提升至 85% 以上，配合超级电容储能系统的动态功率补偿，显著降低地铁能耗；而中压直流牵引与磁共振无线供电等创新制式，更推动了列车系统的轻量化与运维智能化。与此同时，充电基础设施通过模块化级联拓扑（如 600kW 液冷超充桩）与动态功率分配算法，实现了"充电 5min 续航 200km"的突破性体验，而无线充电技术与车网互动（V2X）协议的成熟，则进一步打通了交通与能源网络的深度融合。这些技术不仅大幅提升了能源利用效率，更将持续推动电气化交通向高频化、集成化、智能化演进。

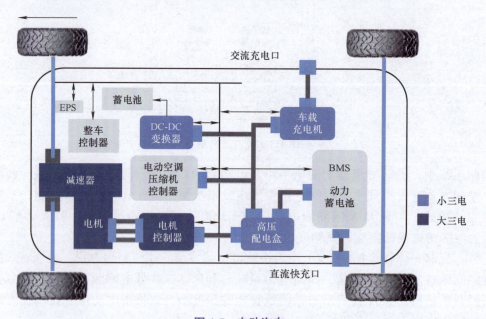

图 1.5　电动汽车

在航空航天领域，电力电子技术是支撑现代飞行器高可靠性、轻量化与智能化的核心技术，其应用覆盖飞机电力系统、空间电源管理、推进控制及航电设备等多个关键环节。在航空领域，基于 SiC 与 GaN 器件的高效变频交流发电系统将传统飞机的液压 / 气动驱动升级为多电飞机架构（见图 1.6），如波音 787 采用 270V 直流混合供电系统，供电能力提升至1.45MW，结合永磁电机驱动的电动液压作动器，在实现襟翼、起落架等高动态负载精准控制的同时，系统重量减轻 30%、能效提升 40%；航天领域则聚焦极端环境适应性设计，通过抗辐射封装的 SiC MOSFET 与金刚石基 GaN 器件构建高可靠空间电源系统，配合 MPPT控制器与高频谐振变换器，实现国际空间站太阳翼 – 锂电池混合供电的 20 年超长寿命运行，以及火星探测器在 –150℃极寒环境下的稳定电力供应。此外，电力电子技术在电推进系统中的突破性应用，如 NASA X-57 验证机的 MW 级 SiC 逆变器驱动分布式电推进系统，结合模型预测控制算法，显著降低飞行器能耗，而 3D 封装、磁集成技术与无电解电容设计，则推动航电设备向超轻量化（毅力号火星车电源系统仅 18kg）、高密度化跨越。电力电子技术正通过高频化、智能化、集成化推动航空航天装备向全电化、自主化方向演进。

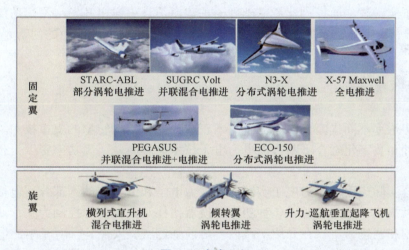

图 1.6 多电飞机

在工业自动化领域，电力电子技术主要应用于电机驱动与运动控制、工业电源与能源管理、工业机器人控制和自动化产线管理，推动工业自动化升级。在电机驱动与控制领域，通过基于 SiC 三电平拓扑的高效变频调速系统、高精度伺服驱动及智能配电装置，显著提升电机控制精度与能源利用效率。在电源管理领域，模块化不间断电源与有源滤波器保障设备稳定运行。面对电磁兼容与热管理挑战，三维叠层母排与双面冷却封装技术将功率密度提升至 10kW/L。

1.3 电力电子的创新实践需求

随着"双碳"目标的持续推进，电力电子技术正成为能源转型的核心支撑技术，各个领域对电力电子技术人才的需求持续增长。新工科背景下，对人才培养提出了新的要求。电力电子实践教学是连接理论知识与工程能力的核心桥梁。

电力电子技术是涉及功率器件、电路拓扑、控制算法以及多学科知识的工程实践学科，仅靠公式推导和仿真无法掌握开关器件动态特性、电磁兼容设计等技能，也无法还原真实工况。通过电力电子实践完善从理论、仿真、实践的认知闭环，有利于系统性理解和掌握电力电子技术。

响应工程能力培养要求，电力电子实践教学能够直接面对真实工程问题，如电磁兼容设计、热设计，培养严谨、求实的工作态度和质量、成本控制的意识，培养工程师素养和工程能力。

结合宽禁带半导体（GaN/SiC）国家战略需求，通过新兴前沿技术的学习以及实际应用电路的设计、制作和测试的完整学习链条实践，培养创新创业能力。

面向企业对复合型人才的需求，实践教学通过项目制训练，经历需求分析→拓扑选型→PCB 绘制→仿真及实测，掌握电路设计、仿真、调试等工程技能，缩短从课堂到产业的适应周期。同时，以问题为导向，发挥团队协作能力，增强沟通交流能力、组织协调能力和展示演示能力。

电力电子实践教学通过构建"基础理论—建模仿真—样机开发—测试迭代"的完整学习链条，培养符合产业需求的、具备深厚专业基础和跨学科实践能力的创新人才。

1.4　本章小结

新能源渗透率不断提高，电力电子技术正成为能源结构转型的支撑技术。同时，第三代半导体器件和数字化融合不断推动电力电子技术向着高效、高功率密度、智能化、超集成方向发展。

本书结合实际应用将电力电子实践分为电力电子和电力传动两部分，包括开关电源和调速系统两大板块，开关电源以各种功率变换器拓扑及其调制和控制为主，调速系统以各种电机的控制和调速为主。在介绍实践内容之前强调实验安全，并对基本的电力电子知识进行介绍。以项目实践形式理解电能变换拓扑设计、器件选型、控制策略与系统优化的系统性思维，培养硬件设计、软件编程及调试的工程实践能力，以及自主探索前沿技术并解决实际工程问题的创新能力。

第2章　电力电子的实验安全与安全设计

电力电子技术的实践场景会涉及电气、高温、机械等方面的安全危险因素，本章主要介绍常见电气、高温、机械伤害产生的原因，以及电力电子装置的安全设计方法，避免实践环节的人身伤害，预防实践过程的安全风险。

2.1　电气安全基础

电能广泛应用于工作、学习、生活的方方面面，由电能作用于人体或者电能不受控制而产生的意外事件称为电气事故。电气事故包括触电事故、雷击事故、静电事故、电离辐射事故、电气装置事故。电气安全主要研究各种电气事故的发生原因及预防，使电能更好地服务于人类。

在电力电子创新实践中主要可能会发生触电事故，下面对触电事故及相关安全防护做进一步介绍。

2.1.1　触电事故

触电事故是指由电流及其转换成的其他形式的能量对人身造成的伤害，分为电击和电伤。电击是电流直接作用于人体所造成的伤害；电伤是电流转换成热能、机械能等其他形式的能量作用于人体而产生的伤害。这两类伤害在事故中也可能同时发生，尤其在高压触电事故中比较常见，一般绝大部分属于电击事故。

电击又分为直接接触电击和间接接触电击，前者是触及正常状态下带电的带电体时发生的电击；后者是触及正常状态下不带电，而在故障状态下意外带电的带电体时发生的电击。

电击对人体伤害的严重程度与通过人体电流的大小、电流通过人体的持续时间、电流通过人体的途径、电流的种类以及人体的状况等多种因素有关。按照电流的种类和频率，交流电比直流电危险程度略微大一些；按照电流通过的途径，最危险的是从手到脚（左手到右脚），其次是从手到手，危险最小的是从脚到脚。

一般情况下，36V 以下的直流电压是安全的。但是，在潮湿的环境中，安全电压在24V，甚至 12V 以下。

2.1.2　触电方式

按照人体触及带电体的方式和电流流过人体的途径，电击可以分为单相触电、两相触电和跨步电压触电。

当人体直接碰触带电设备其中的一相时，电流通过人体流入大地，这种触电现象称为单相触电。对于高压带电体，人体虽未直接接触，但由于超过了安全距离，高电压对人体放电，造成单相接地而引起的触电，也属于单相触电或单线触电，如图 2.1 所示。

人体不同部位同时接触带电设备或线路中的两相导体，或在高压系统中，人体同时接近不同相的两相带电导体，而发生电弧放电，电流从一相导体通过人体流入另一相导体，构成一个闭合回路，这种触电方式称为两相触电或两线触电，如图 2.2 所示。发生两相触电时，作用于人体上的电压等于线电压，这种触电是最危险的。

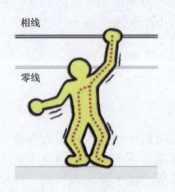

图 2.1　单相触电方式　　　　　　　　图 2.2　两相触电方式

若电气设备发生接地故障，接地电流通过接地体向大地流散，在地面上形成电位分布，当人在接地短路点附近行走时，其两脚之间存在电位差，也称为跨步电压。由跨步电压引起的人体触电，称为跨步电压触电，如图 2.3 所示。

以下情况会产生跨步电压：带电导体，特别是高压导体故障接地处；接地装置流过故障电流时；正常工作时有较大工作电流流过的接地装置附近；防雷装置接受雷击时；高大设施或高大树木遭受雷击时。这些情况下都会有极大的流散电流在附近地面点产生电位差，进而造成跨步电压电击。

此外，在电力电子系统中也有一些典型的触电情况。现代电机通常采用变频器控制，变频器输出电压中含有与开关频率相对应的高频分量，高频的电压分量会通过输出电缆和电机的分布电容产生对地的高频漏电流，当人体接触到电机外壳时，如果外壳没有可靠接地或者出现接地故障，则漏电流通过大地、人体与变频器形成电流回路，危及人身安全，如图 2.4 所示。

在光伏发电系统中，也存在漏电流。由于光伏系统和大地之间存在寄生电容，当寄生电容—光伏系统—电网三者之间形成回路时，共模电压将在寄生电容上产生共模电流，如图 2.5 所示。当人体接触光伏电池板时，漏电流经人体形成短路回路，造成触电。可以采用工频或高频变压器隔离，消除共模漏电流回路；或采用特殊的无变压器逆变器电路拓扑，消除共模电压源，从而避免漏电流对人体的伤害。

图 2.3　跨步电压触电方式

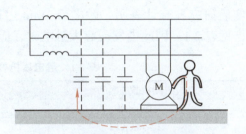

图 2.4　电机外壳的漏电触电方式

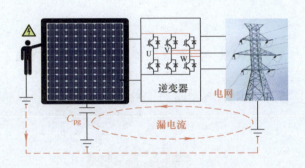

图 2.5　光伏电池的漏电触电方式

　　随着储能技术的快速发展，电力电子装备经常使用高压大容值的电解电容、超级电容、铅酸电池或锂电池，如图 2.6 所示。这些储能单元既是新的高压电源，也是潜在的触电风险源头。

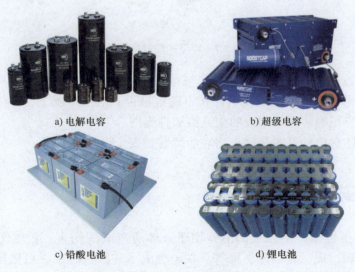

a) 电解电容　　　　　　　　　b) 超级电容

c) 铅酸电池　　　　　　　　　d) 锂电池

图 2.6　常见的储能单元

2.1.3 安全急救

发生触电事故时，应第一时间设法使触电者脱离电源，应立即关闭电源开关或者拉闸切断电源，若无法关闭电源，则用干燥的木棒或其他绝缘体将电线挑开，在保证救护者自身安全的同时，根据触电者的情况进行抢救工作。

实验研究和统计表明，触电后 1min 内是最佳的抢救时机，抢救开展得越晚，存活率越低，见表 2.1。因此当发现有人触电时，应争分夺秒进行抢救。

表 2.1 触电后抢救时机与存活率的关系

开始抢救的时间	存活率
1min 内	90%
1~6min 内	仅 10%
12min 后	几乎为零

2.1.4 安全防护

由于触电的危害大、抢救困难，防触电以预防为主，防护措施主要涉及防护工具、规范操作、设备安全设计三大类。

在电力电子创新实践中常用的典型防护工具如图 2.7 所示，以绝缘垫、绝缘服、绝缘手套等为主。

a) 绝缘垫　　　　　　b) 绝缘服　　　　　　c) 绝缘手套

图 2.7 常见的防触电工具

在规范操作方面，严格按照设备操作规范进行实验，强电实验要求两人在场，设立明显的警示标志，采用必要的绝缘工具。在不确定是否有电的情况下，多使用验电笔或万用表测量。同时，应正确使用万用表的交流档和直流档。

安全设计是防触电的基本措施，将在后续装置安全设计中阐述。

2.2 机械安全基础

机械伤害是指机械产生强大的力作用于人体所造成的伤害。机械伤害的形式多种多样，如击、割、刺、搅、挤、压、磨等。在电力电子实践过程中，机械伤害主要来自以下几个方面：由旋转部件如电机转轴造成的卷入导致挤压伤；重型设备如变压器、电感器搬运时滑落或倾倒造成砸伤、肌肉拉伤；高温部件如功率器件（如 IGBT）、散热器、电阻器等运行时表面温度升高，皮肤与其接触导致灼伤；尖锐边缘与工具如设备外壳毛刺、金属散热片、锋利的工具（如螺丝刀）造成割伤、刺伤；测试中电容器爆裂造成的飞溅物击中眼睛或身体。

2.2.1　机械伤害的成因

"存在安全隐患，操作不当"是机械伤害的根本原因，主要体现在以下常见情况：操作不当，维修时未切断电源或未释放储能元件（如电容器）的残余电能，导致设备意外启动或放电；防护缺失，传动装置等运动部件未加装防护罩，个人防护不足，未佩戴护目镜、防切割手套等，导致飞溅的碎片或尖锐部件直接伤害人体；大电流实验可能导致设备过载爆炸（如电容器炸裂），产生高速飞溅的金属碎片；自制或任意改造的机械设备，不符合安全要求。

2.2.2　机械伤害的防护

强化安全培训，规范电力电子实践过程的仪器设备使用及电路调试流程。按要求着装，佩戴安全帽等，注意对长头发的处理。正确使用防切割手套、防飞溅护目镜等劳动防护用品。高压环境穿戴电弧防护服，精密操作使用防静电腕带，高温区域配备阻燃工作服。高压电机等旋转体运转时，禁止用手调整或测量。转头和工件要牢固，不用手触摸旋转体。电钻使用前，注意测试钻头的旋转方向。遵循设备使用规范，保持操作专注，加强机械防护装置，使用绝缘工具。

2.3　消防安全基础

2.3.1　火灾的成因

火灾是指在时间或空间上失去控制的燃烧所造成的灾害。发生火灾的原因有很多种，电气原因引起的火灾在我国火灾中居于首位，电气设备过负荷、电气线路接头接触不良、电气线路短路等是电气引起火灾的直接原因。其间接原因是电气设备故障或者电气设备设置和使用不当，例如，一些电子设备长期处于工作或通电状态，因散热不良，最终导致内部故障而引起火灾；使用电热扇距可燃物较近，超负荷使用电器，购买使用劣质开关、插座、灯具等；忘记切断电器电源等。

吸烟在起火原因中占有相当的比重。烟头和点燃烟后未熄灭的火柴梗温度可达到800℃，能引起许多可燃物质燃烧，具体情况如将没有熄灭的烟头或者火柴梗扔在可燃物中引起火灾；在禁止火种的火灾高危场所，因违规吸烟引起火灾事故等。

在电力电子实践中要注意火灾的防护，注意火源管理，不乱扔烟头，不随意摆放电烙铁。不乱存放易燃易爆物品，安全使用插线板、电炉、电烙铁等电热设备，离开时务必切断电源。不挪用和损坏消防器材，不堵塞消防通道。

2.3.2 火灾的处理

实验室发生起火后，应根据现场情况灵活处理。当火势不大，在可控范围内时，应该主动参与灭火，根据火灾类型采用灭火毯、水、土、泡沫、干粉等不同的灭火器材，扑灭火源。带电火灾不能用水直接扑灭，因为可能触电或者对电气设备造成极大损害，应选用磷酸铵盐干粉、二氧化碳灭火器。当火势过大，无法控制时，应该尽快逃离火灾现场，并及时拨打 119 火警电话。

2.4 电力电子装置安全设计

为了使装置自身的安全设计更加人性化，设计者不仅要注重装置的性能、外观等的设计，也要重视装置安全设计。

2.4.1 电力电子装置基本安全要求

电力电子装置的基本安全要求包括电气安全、机械安全、消防安全、热设计、电磁兼容等。从人身安全角度，电气安全侧重于防止触电，机械安全侧重于防机械伤害，消防安全侧重于火灾防范。从装置设计角度，热设计强调装置的热管理设计，防止温度过高失效，电磁兼容考虑装置的电磁兼容设计。

此外，对一些特殊的应用场合，有相应的安全设计要求。如在煤矿、汽车的应用场景中，对防爆、防水等有严格的安全设计要求。在南方地区，还要求防潮、防雨淋、防盐雾腐蚀等。在北方地区，对沙尘暴、雾霾等防尘要求非常高。

2.4.2 电力电子装置安全设计要点

1. 电气安全设计要点

绝缘设计是电气安全设计的重要方面，是指使用不导电的物质将带电体隔离或包裹起来，以防止触电事故的发生。电力电子装置的绝缘防护等级见表 2.2。

表 2.2 电力电子装置的绝缘防护等级

项目 \ 类别	0 类	Ⅰ 类	Ⅱ 类	Ⅲ 类
设备特征	无保护接地	有保护接地	有附加绝缘不需要保护接地	设计成由安全特低电压供电
安全措施	使用环境要与地绝缘	接地线与固定布线中的保护（接地）线连接	双重绝缘或加强绝缘	安全特低电压供电

此外，绝缘的基本要求包括：接触电流小于 0.7mA，开路电压小于直流电压 60V 或交流电压 35V，具备足够的绝缘耐压（抗电强度）和绝缘电阻，达到合适的防触电保护等级等。

2. 机械安全设计要点

装置的机械安全设计要求有足够的机械强度，PCB（印制电器板）足够厚。必要时配备防护罩和防护挡板。避免出现尖锐边缘，防止伤害人体。对危险的运动部件提供保护，防止夹伤和碰伤人体，对此类部件应提供紧急保护措施或安全联锁装置。设备重心的设计应符合安全标准中对设备稳定性的要求。

3. 热设计要点

过高的温度会导致烫伤、损坏元器件、绝缘性能降低、材料自燃。设计的重点部位是大电流的部位和易起火的部位。发热器件（如 MOSFET 器件）做散热处理，尽量置于易于通风散热的地方，增加发热器件的散热面积，采用适当的优化设计和控制，减少功耗。

合理选用热保护装置，如热继电器。选用适当的散热方法，例如，风冷、热管冷却、水冷、相变、两相流、氢冷、蒸发冷却等。

4. 消防安全设计要点

电气设备的起火主要是其内部引燃源在一定条件下引燃引起的。潜在引燃源是指在正常工作条件下，开路电压超过交流 50V（峰值）或直流 50V，以及该开路电压与测得通过可能的故障点的电流的乘积超过 15V·A（0.3A）的故障部位。引燃的条件通常有：过载、元器件失效、绝缘击穿、接触不良、起弧等。

装置设计中按照电路参数要求制作 PCB，布局布线设置合理的绝缘间距，按照一定的裕度合理选用元器件，发热严重的元器件加装散热器。

2.5　本章小结

电力电子创新实践过程中，安全风险存在于装置设计、调试的全过程，需从电气安全、机械安全、消防安全等多方面构建防护体系。电气安全主要是人员防止触电，电力电子装置设计时注意耐压绝缘设计，同时注意防静电。机械安全隐患常存在于旋转部件如电机转轴，头发、衣物等容易卷入其中，需加装防护罩。装置设计需考虑 PCB 的厚度和强度，同时避免出现尖锐边角。消防安全则关注热失控与电弧防控，电解电容过电压或反向电压易导致壳体爆裂起火，线缆截面积不足可能因过载起火。可选用自愈式金属化薄膜电容，线缆设计预留 1.5 倍电流裕量，并做好功率器件的散热管理。

电力电子装置的安全设计不仅是技术规范，更是工程伦理的体现，需贯穿于拓扑选择、器件选型、控制算法等各环节，实现装置高性能与高可靠的统一，为创新实践构筑坚实的安全基础。

第3章 电力电子创新实践的基础知识

面向电力电子课程的实践能力训练，本章介绍常见接插件、电子元器件、PCB布局布线、散热设计、手工焊等，认识常用元器件和工具的形貌特征、参数规格和使用方法，为创新实践奠定基础。

3.1 常用接插件

接插件也称连接器，它是实现电路元器件、部件或组件之间可拆卸连接的最基本的机械式电气连接器件。常用的接插件包括各种插头（插件）、插座（接件）与接线端子等，其主要功能是传输信号和电流，并可控制所连接电路的通断。

接插件种类很多，外形各异，应用十分广泛，其性能好坏直接关系和影响到整个电路系统的正常工作。下面仅对最常用的接插件进行介绍。

1. 杜邦线

杜邦线可用于实验板的引脚扩展，增加实验项目等，如图3.1所示。杜邦线主要用于电路实验，实验时可以与插针连接，而且连接牢固，无需焊接，便于快速进行实验，在电子产品中应用非常广泛。杜邦线按接头类型分公杜邦线和母杜邦线。公杜邦线指的是尖头的杜邦线，有针脚。母杜邦线是带孔的连接线。所以，杜邦线按接头不同分为公公头杜邦线、母母头杜邦线和公母头杜邦线。杜邦线两个端头针脚之间的距离为2.54mm，不同颜色的杜邦线通常构成排线使用。

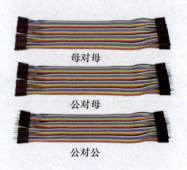

图3.1 三种接头类型杜邦线

2. 排针/排母

排针或排母通常与杜邦线配套使用，如图3.2所示。排针在电子、电器及仪表中的PCB连接方面具有广泛应用。它能够在电路中断处或孤立不通的电路之间起到桥梁的作用，承担电流或信号传输的任务。

排针既可与排母配合使用，构建板对板连接；也可与电子线束端子搭配，实现板对线连接；此外，还能独立应用于板与板之间的连接。综上所述，排针在各种连接方式中均发挥着不可或缺的作用。

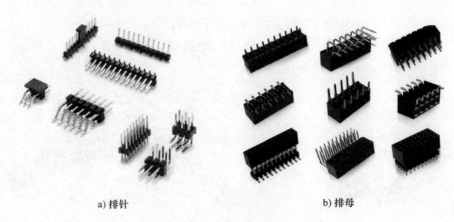

a) 排针　　　　　　　　　　　　　　　　b) 排母

图 3.2　排针及排母

由于不同产品所需要的规格并不相同，因此排针也有多种型号规格，按电子行业的排针连接器标准分类：根据间距大致可分为 2.54mm、2.00mm、1.27mm、1.00mm、0.8mm 五类；根据排数有单排针、双排针、三排针等；根据封装用法则有贴片 SMT（卧贴 / 立贴）、插件 DIP（直插 / 弯插）等；按照安装方式划分，180° 用 S 表示，90° 用 W 表示，SMT 用 T 表示。

3. 牛角 / 简牛连接器

牛角连接器是连接器根据实际使用状况分类得来的品种，因其外形与牛角相似而得名，如图 3.3 所示。简牛连接器和牛角连接器的区别在于简牛连接器去掉了两侧的卡扣，如图 3.3b 所示。简牛连接器通常由方形塑胶插座和若干排列整齐的方形针组成。牛角 / 简牛连接器和绝缘位移连接器是两种最常用的连接器。简牛连接器按照针脚间距分为1.27mm、2.0mm、2.54mm，根据间距的不同，所使用的四方排针的直径也相应更改；根据安装形式又分为直针简牛、弯针简牛、SMT 贴片简牛。常用的针位有 6P、8P、10P、14P、16P、20P、24P、26P、30P、34P、40P、50P、64P。

a) 牛角连接器　　　　　　　　　　　　　b) 简牛连接器

图 3.3　牛角 / 简牛连接器

简牛连接器焊接在 PCB 上后，连接相应规格的绝缘位移连接器，然后与另外的电路组成设计者需要的电路连接方式；通常用来传输控制信号和弱电流。

4. 排线

排线适合于移动部件与主板之间、板对板之间、小型化电气设备中作数据传输线缆用，如图 3.4 所示。此外，在追求高紧凑、小型化的场合，还会使用柔性扁平电缆（Flexible Flat Cable，FFC）或柔性印制线路（Flexible Print Circuit，FPC）。由于 FFC 的价格成本低于 FPC，所以它的应用更加广泛。排线的规格有 0.5mm、0.8mm、1.0mm、1.25mm、1.27mm、1.5mm、2.0mm、2.54mm 等。

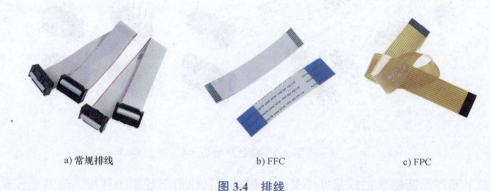

a) 常规排线 b) FFC c) FPC

图 3.4 排线

5. 接线端子

接线端子的作用是方便导线连接，无需将导线焊接，它是一段封在绝缘塑料里面的金属片，两端都有孔可以插入导线，有螺钉用于紧固或者松开，比如两根导线，有时需要连接，有时又需要断开，这时就可以用端子把它们连接起来，并且可以随时断开，而不必把它们焊接起来或者缠绕在一起。电力电子实践中常见的接线端子如图 3.5 所示，根据排针的间距不同，接线端子主要有 2.54mm、3.96mm 和 5.08mm 等规格。

6. 集成电路芯片插座

集成电路芯片插座旨在实现元器件引线与 PCB 之间的压缩式互连，有助于简化 PCB 设计，支持便捷的重新编程与扩展，并便于维修和更换。该设计方案提供了一种经济高效的解决方案，同时避免了直接焊接可能带来的风险，如图 3.6 所示。

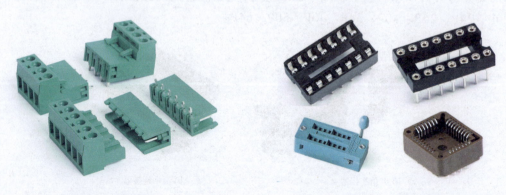

图 3.5 接线端子 图 3.6 芯片插座

7. PCB 接插件

PCB 上的金手指是指一排等距排列的方形焊盘，通常采用黄铜材质，并在其表面进行露铜及镀金处理，因其形状类似手指而得名"金手指"，如图 3.7 所示。金手指广泛应用于 MCU 控制板卡、内存条等设备中。为了确保性能稳定和焊盘坚固，PCB 金手指通常采用沉金或镀金工艺制作，可有效防止焊盘脱落以及接触不良或短路现象的发生。

图 3.7   PCB 金手指

8. 插簧 / 插片

在功率模块的驱动连接中，插簧和插片通常配套使用，如图 3.8 所示。直型端子插簧有带绝缘皮包围和不带绝缘皮包围两种形式。带绝缘皮包围的端子支持直径 0.04 ~ 0.23mm 的绝缘皮。端子后部的锥形壁可防止无护罩插片插入过深。根据插入端子中的插片宽度，插簧的规格主要有 9.5mm、6.3mm、5.2mm、4.8mm和 2.8mm。

图 3.8   插簧 / 插片

除上述主要接插件之外，还经常使用如图 3.9 所示的各类连接工具。为支撑和固定PCB，通常采用铜柱或尼龙柱，分为公头和母头两种类型。为了确保连接的可靠性，并根据导电或绝缘的具体要求，在电力电子实践中会广泛使用铜螺钉螺母或尼龙螺钉螺母。

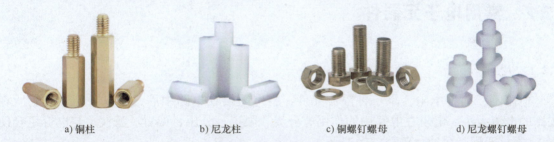

a) 铜柱   b) 尼龙柱   c) 铜螺钉螺母   d) 尼龙螺钉螺母

图 3.9   其他连接工具

9. 强电接头

常见的强电接头如图 3.10 所示，除了比弱电接头大之外，还有铜鼻子等通流能力高达数百安培的专用接头。为了实现强电接头的可靠连接，通常会采用液压钳等专用压接工具。

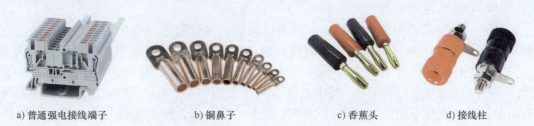

a) 普通强电接线端子   b) 铜鼻子   c) 香蕉头   d) 接线柱

图 3.10   常见的强电接头

　　香蕉头是普遍装于音箱线两端的供插入香蕉插座的一种插头，如图 3.10c 所示。这种插头的名字来自它稍稍鼓起的外形。插入上面提到的多用插座正面的孔时非常方便，插入后也可以形成非常大的接触面积。这种特性使得它被优先使用在大功率输出的器材中，早期用以连接音箱和接收机 / 放大器，也是一种很好的可插拔强电接头。

　　接线柱是一种连接器，通常用于各种类型的电子设备，尤其是用于测试电流的单元。基本的接线柱由带螺纹的金属杆和拧在杆上的螺纹盖组成。

　　电力电子实践中会面临大量的线路，不便于分辨和管理，同时强电部分需考虑绝缘问题，裸露的铜排还存在安全风险。因此，需要采用扎带、束线管、热缩套管等线路附件加以处理，如图 3.11 所示。

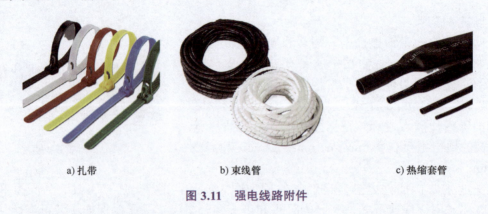

a) 扎带　　　　　　　　　　　b) 束线管　　　　　　　　　　　c) 热缩套管

图 3.11　强电线路附件

3.2　常用电子元器件

3.2.1　电阻

　　电阻器，简称电阻，是一种限流元件，将电阻接在电路中后，可以限制通过它所在支路的电流大小。电阻在电路中的作用有分流、限流、分压、偏置、滤波（与电容组合使用）、阻抗匹配、缓冲、负载、保护等。

1. 电阻的主要技术指标

　　电阻的主要技术指标包括额定功率、标称阻值和允许偏差（误差）、温度系数等。

　　电阻在电路中长时间连续工作而不损坏，或不显著改变其性能所允许消耗的最大功率称为电阻的额定功率。需通过理论计算电阻在电路中消耗的功率，据此合理选择电阻的额定功率。一般按额定功率是实际功率的 1.5~3 倍选定。

　　标称阻值通常是指电阻体表面上标注的电阻值，简称阻值。电阻的标称值往往与它的实际值不完全相符，实际阻值和标称阻值的偏差即电阻的误差。电阻的标称阻值分为 E6、E12、E24、E48、E96、E192 六大系列，分别适用于允许偏差为 ±20%、±10%、±5%、±2%、±1% 和 ±0.5% 的电阻。其中 E24 系列为常用数系，E48、E96、E192 系列为高精密电阻数系。应根据设计电路的理论计算电阻值，在最靠近标称值系列中选用；也可以通过多个电阻的串并联，实现任意阻值的电阻，电阻的并联可以提高精度。

温度系数 TCR 定义为在某一规定的环境温度范围内，温度改变 1℃时电阻的相对变化量，即

$$TCR = \frac{R - R_0}{R_0} \frac{1}{T - T_0} \times 10^6 \tag{3.1}$$

式中，TCR 的单位为 ppm/℃；温度 T_0 对应的阻值为 R_0；温度 T 对应的阻值为 R。

电阻的温度系数分为正温度系数和负温度系数，电阻的正温度系数（PTC）是指材料的电阻值会随温度上升而上升，若一物质的电阻温度特性可用于工程领域，一般需要其阻值随温度有较大的变化，也就是温度系数较大。温度系数越大，代表在相同温度变化下，其电阻增加得越多。电阻的负温度系数（NTC）是指材料的电阻值会随温度的上升而下降。半导体、绝缘体的电阻值都随温度上升而下降。电阻温度系数并不恒定而是一个随着温度而变化的值。随着温度的增加，电阻温度系数变小。在设计电路时需考虑温度对电阻的影响。

2. 电阻的阻值表示方法

电阻的阻值表示方法有直标法、色标法、数码表示法，如图 3.12 所示。

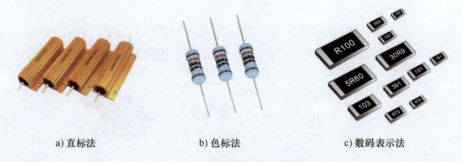

a) 直标法　　　　b) 色标法　　　　c) 数码表示法

图 3.12　电阻的阻值表示方法

直标法将阻值用数字和文字符号直接标在电阻体上，把元件的主要参数直接印制在元件的表面上，这种方法主要用于功率比较大的电阻。例如，电阻表面上印有 3W47Ω，表明这个电阻的功率是 3W，阻值是 47Ω。

色标法将电阻的类别及主要技术参数的数值用颜色（色环或色点）标注在它的外表面上。色标电阻（色环电阻）可分为三环、四环、五环三种标法。三环电阻的前两环为有效数字，第三环为倍率，误差默认为 ±20%。四环电阻的前两环为有效数字，第三环为倍率，第四环为误差。五环电阻的前三环为有效数字，第四环为倍率，第五环为误差。颜色对应数值见表 3.1。例如，五环的颜色是棕绿黑橙棕，则表示棕（1）、绿（5）、黑（0）、橙（10^3）、棕（±1%），阻值为 $150 \times 10^3 \Omega \pm 1\% = 150k\Omega \pm 1\%$。四环的颜色是黄紫红金，则表示黄（4）、紫（7）、红（10^2）、金（±5%），阻值为 $47 \times 100\Omega \pm 5\% = 4700\Omega \pm 5\% = 4.7k\Omega \pm 5\%$。

表 3.1　色环电阻颜色对应数值

颜色	黑	棕	红	橙	黄	绿	蓝	紫	灰	白	金	银
数值	0	1	2	3	4	5	6	7	8	9	−1	−2
误差	—	±1%	±2%	—	—	±0.5%	±0.25%	±0.1%	±0.05%	—	±5%	±10%

数码表示法是在电阻的表面用三位数字或两位数字加 R 来表示标称值的方法。三位数的前两位为有效数字，第三位为倍率。四位数的前三位为有效数字，第四位为倍率（更高精度）。R 代表小数点。该方法常用于贴片电阻、排阻等。例如，472 表示 $47 \times 10^2 \Omega = 4700\Omega = 4.7\text{k}\Omega$，R47 表示 0.47Ω，4R7 表示 4.7Ω，3302 表示 $330 \times 10^2 \Omega = 33\text{k}\Omega$。

3. 电阻等效电路

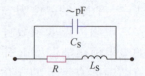

电阻的等效电路如图 3.13 所示，寄生电感 L_S 包括电阻体寄生电感与引线电感。电阻体寄生电感与电阻结构有关，线绕电阻体寄生电感较大，非线绕，尤其是贴片电阻体寄生电感小。引线电感与引线长度有关，因此传统轴向引线封装引线寄生电感较大，无引线贴片电阻引线寄生电感最小。由于寄生电容 C_S、寄生电感 L_S 与电阻结构有关，与阻值大小几乎无关。因此相同材料、相同结构的电阻，其频率特性与阻值关系非常密切。

图 3.13　电阻的等效电路

4. 电阻类型

电阻的分类多种多样，按照其结构和性能的不同，可分为固定电阻、可变电阻（电位器和微调电阻）和敏感型电阻（如热敏电阻、光敏电阻、气敏电阻等）三大类。下面只介绍电力电子实践中常用的电阻。

对于固定电阻，通常采用直插封装。按电阻体材料的不同，常用的固定电阻包括碳膜电阻、金属氧化膜电阻、金属膜电阻、线绕电阻和水泥电阻等，如图 3.14 所示。

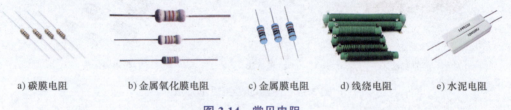

a) 碳膜电阻　　　b) 金属氧化膜电阻　　　c) 金属膜电阻　　　d) 线绕电阻　　　e) 水泥电阻

图 3.14　常见电阻

碳膜电阻以碳膜作为基本材料，利用浸渍或真空蒸发形成结晶的电阻膜（碳膜）。碳膜电阻有良好的稳定性，负温度系数小，高频特性好，受电压和频率影响较小，噪声电动势较小，脉冲负荷稳定，阻值范围宽，制作工艺简单，生产成本低，所以广泛地应用在各种电子产品中。

金属膜电阻以特种稀有金属作为材料，在陶瓷基体上，利用厚膜技术进行涂层和焙烧形成电阻膜。金属膜电阻稳定性和耐热性能好，温度系数小，工作频率范围大，噪声电动势很小，常在高频电路中使用。

金属氧化膜电阻在陶瓷基体上蒸发一层金属氧化膜，再涂一层硅树脂胶，使电阻表面坚硬而不易摔碎。金属氧化膜电阻比金属膜电阻抗氧化能力强，抗酸、抗盐能力强，耐热性能好。金属氧化膜电阻的缺点是由于材料的特性和膜层厚度的限制，阻值范围小。

线绕电阻是将电阻线绕在耐热瓷体上，涂以耐热、耐湿、耐腐蚀的不燃性涂料保护而成。线绕电阻的噪声小，甚至无电流噪声；温度系数小，热稳定性好，耐高温，工作温度可达到 315℃；功率大，能承受大功率负荷。缺点是高频性能差。

水泥电阻也是线绕电阻，绕在无碱性耐热瓷体上。它属于功率较大的电阻，能够允许较大的电流通过。比如与电动机串联，限制电动机的起动电流，阻值一般不大。水泥电阻具有外形尺寸较大、耐振、耐湿、耐热及散热良好、价格低等特性，广泛应用于电源适配器、音响设备、音响分频器、仪器、仪表、电视机、汽车等设备中。

可变电阻通过调节转轴使它的输出电阻发生改变，从而达到改变电位的目的，故这种连续可调的电阻又称为电位器。根据材料的不同，可变电阻包括碳膜电阻、线绕电阻。常见的可变电阻如图 3.15 所示。

图 3.15　可变电阻

碳膜电位器是目前使用最多的一种电位器。其主要特点是分辨率高、阻值范围大，但滑动噪声大、耐热耐湿性不好。线绕电位器由电阻丝绕在圆柱形的绝缘体上构成，通过滑动滑柄或旋转转轴实现对电阻值的调节。

敏感电阻种类较多，在电子电路中应用广泛的有热敏电阻、光敏电阻、压敏电阻、气敏电阻、湿敏电阻、磁敏电阻等，如图 3.16 所示。这些电阻根据环境变化而改变阻值，如温度、光照、压力等因素，从而实现不同的功能和应用场景。例如，热敏电阻能感知温度变化并调整阻值，用于温度控制和补偿；光敏电阻则依据光照强度的变化来改变阻值，适用于自动灯光控制系统；压敏电阻在承受不同压力时阻值发生改变，常用于压力检测设备中。各类敏感电阻在现代电子技术中发挥着不可或缺的作用，为各种智能设备提供了可靠的基础元件。

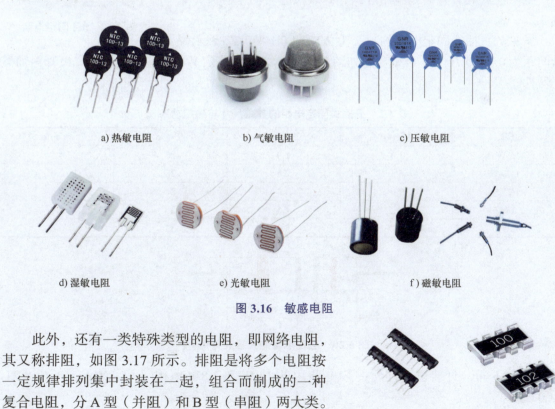

a) 热敏电阻　　　　　　b) 气敏电阻　　　　　　c) 压敏电阻

d) 湿敏电阻　　　　　　e) 光敏电阻　　　　　　f) 磁敏电阻

图 3.16　敏感电阻

此外，还有一类特殊类型的电阻，即网络电阻，其又称排阻，如图 3.17 所示。排阻是将多个电阻按一定规律排列集中封装在一起，组合而制成的一种复合电阻，分 A 型（并阻）和 B 型（串阻）两大类。A 型排阻有公共端，一个由 n 个电阻构成的 A 型排

图 3.17　网络电阻

阻，有 $n+1$ 个引脚，一般来说，最左边的那个是公共引脚。它在排阻上一般用一个带颜色的点标出来。B 型排阻没有公共端。

在电力电子装置的调试过程中，功率电阻常被用作负载。根据所用材料的不同，常见的功率电阻包括黄金电阻、波纹电阻和铝壳电阻，如图 3.18 所示。此外，为了降低负载成本，也可以使用大功率灯泡或热得快作为功率电阻的替代品。

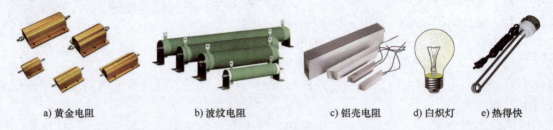

| a) 黄金电阻 | b) 波纹电阻 | c) 铝壳电阻 | d) 白炽灯 | e) 热得快 |

图 3.18　功率电阻

值得指出的是，在电路设计中，通常会使用 0Ω 的电阻作为选择性连通的连接导线、滤波、模数隔离等灵活使用，如图 3.19 所示。

5. 电阻封装

电阻的封装有直插式和贴片式，封装尺寸与功率有关，见表 3.2。

图 3.19　0Ω 固定电阻

常见的直插式固定电阻的封装为 AXIAL0.1 ~ 0.7，表示焊盘间距为 $0.1 \sim 0.7\text{in}^{\ominus}$，典型参数如图 3.20 所示。该封装定义也适用于电容、二极管等轴类元器件。

表 3.2　直插式固定电阻的封装尺寸与额定功率

功率	L/mm	ϕ_D/mm	H/mm	ϕ_d/mm
1/6W	3.4	1.9	28	0.5
1/4W	6.3	2.4	28	0.6
1/2W	9.0	3.3	26	0.6
1W	11.5	4.5	35	0.8
2W	15.5	5.0	33	0.8

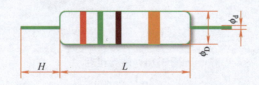

图 3.20　固定电阻的直插式封装

功率不同，封装也不同。一般电路用的 1/4W 和 1/8W 电阻采用 AXIAL0.3 或 AXIAL0.4。

$\ominus$　1in=0.0254m。

贴片封装的固定电阻，又称表面安装电阻，是把很薄的碳膜或金属合金涂覆到陶瓷基底上，元件和 PCB 直接通过金属封装端面连接。误差有 1%、5%、20%。封装名称表示电阻的形状尺寸的代号，例如，1206、0805、0603、0402、0201。0603 表示长和宽是 60mil[⊖]、30mil。不同封装尺寸的贴片电阻的额定功率见表 3.3。

表 3.3　贴片式固定电阻的封装尺寸与额定功率

封装尺寸	0402	0603	0805	1206	1210	1812	2010	2512
额定功率 /W	1/16	1/10	1/8	1/4	1/3	1/2	3/4	1

3.2.2　电容

电容是一种以电荷形式存储能量的元件，在电路中，常用作滤波、耦合、振荡、旁路、隔直、调谐等。

1. 电容的主要技术指标

电容的主要技术指标包括：标称容值、耐压值、误差等级、串联等效电阻（ESR）等。电容的标称容值指标表示在电容表面的容值。

电容的耐压值指在允许环境温度范围内，电容长期安全工作所能承受的最大电压有效值。常用固定电容的直流工作电压系列为 6.3V、10V、16V、25V、40V、63V、100V、160V、250V、400V、450V、500V、630V、800V、1000V。

电容的误差等级是电容的标称容值与实际容值的最大允许偏差范围。

ESR 的单位是毫欧（mΩ）。通常钽电容的 ESR 都在 100mΩ 以下，而铝电解电容则高于这个数值，有些种类电容的 ESR 甚至会高达数欧姆。ESR 的高低，与电容的容值、电压、频率及温度都有关系，当额定电压固定时，容值越大，ESR 越低。同样当容值固定时，选用额定电压高的品种也能降低 ESR，故选用耐压高的电容确实有许多好处。低频时 ESR 高，高频时 ESR 低，高温也会造成 ESR 的升高。

ESR 是等效串联电阻，将两个电容串联，会使 ESR 增大，而并联则会使之减小。因此在需要更低 ESR 的场合，而低 ESR 的大容值电容价格又相对昂贵的情况下，用多个 ESR 相对高的铝电解电容并联，形成一个低 ESR 的大容值电容也是一种常用的办法。很多开关电源采取电容并联的策略，以牺牲一定的 PCB 空间，换来器件成本的降低。

2. 容值的表示方法

电容容值的表示方法主要包括：直标法、数码表示法、色码表示法、字母数字混合表示法，如图 3.21 所示。

　　a) 直标法　　　　　　　　　　b) 数码表示法　　　　　　　　c) 色码表示法

图 3.21　电容容值的表示方法

⊖　1mil=25.4×10⁻⁶m。

直标法是将电容的标称容值、耐压及偏差直接标在电容体上，如 4μF/450VAC。若是零点零几，常把整数位的 0 省去，如 .01μF 表示 0.01μF。数码表示法一般用三位数字来表示容值的大小，单位为 pF。其中前两位为有效数字，后一位表示倍率，如 104 表示 0.1μF。色码表示法与电阻的色环表示法类似，颜色涂于电容的一端或从顶端向引线排列。色码一般只有三种颜色，前两环为有效数字，第三环为倍率，容值单位为 pF，颜色代表的数字不同于电阻。字母数字混合表示法是用 2～4 位数字和一个字母表示容值，数字表示有效数值，字母表示单位，字母有时还表示小数点，如 4n7 表示 4.7nF。

3. 电容等效电路

电容通常存在 ESR 和等效串联电感（ESL）两个寄生参数，等效电路如图 3.22 所示。电容在不同工作频率下的阻抗 Z_c 呈 V 形，如图 3.23 所示。电容的谐振频率 f_o 可以从它自身容值 C 和等效串联电感 L_{ESL} 得到，计算公式如下：

$$f_o = \frac{1}{2\pi\sqrt{CL_{ESL}}} \tag{3.2}$$

频率等于 f_o 呈阻性，低于 f_o 呈容性，高于 f_o 呈感性。

图 3.22　电容的等效电路

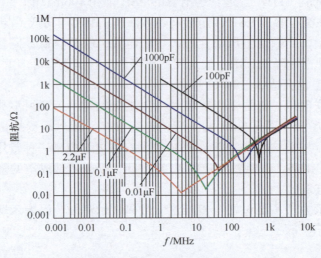

图 3.23　电容的阻抗频率特性

电解电容的 C 和 L_{ESL} 都很大，谐振频率很低，只能用于低频滤波。钽电容的 C 较大，L_{ESL} 较小，谐振频率高于电解电容，能用于中高频滤波。陶瓷电容的 C 和 L_{ESL} 都很小，谐振频率远高于电解电容和钽电容，所以用于高频滤波和旁路电路。

由于小容值陶瓷电容的谐振频率会比大容值陶瓷电容高，因此，在选择旁路电容时，不能仅选用容值过高的陶瓷电容。为了改善电容的高频特性，多个不同特性的电容可以并联使用，电容 ESR 相差不大时，不同电容并联后阻抗曲线如图 3.24 所示。

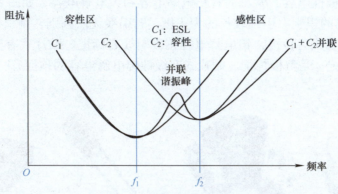

图 3.24　并联电容的阻抗特性

4. 电容类型

电容种类繁多，按容值是否可调可分为固定电容、可变电容、微调电容；按极性可分为无极性电容、有极性电容；按介质材料可分为有机介质电容、无机介质电容、气体介质电容、电解质电容等。

固定电容根据介质材料不同，可分为纸介电容、瓷介电容、涤纶电容、玻璃釉电容、云母电容，如图 3.25 所示。纸介电容：制造工艺简单、价格低、体积大、损耗大、稳定性差、寄生电感大，不宜高频应用。瓷介电容：体积小、耐热性好、绝缘电阻高、稳定性较好，适用于高低频电路。涤纶电容：体积小、容值大、成本较低、绝缘性能好，耐热、耐压和耐潮湿的性能都很好，但稳定性较差，适用于对稳定性要求不高的电路。玻璃釉电容：介电系数大、耐高温、抗潮湿强、损耗低。云母电容：无极性、无机介质电容，以云母为介质，损耗小、绝缘电阻大、温度系数小、容值精度高、频率特性好，但成本较高、容值小，适用于高频电路。

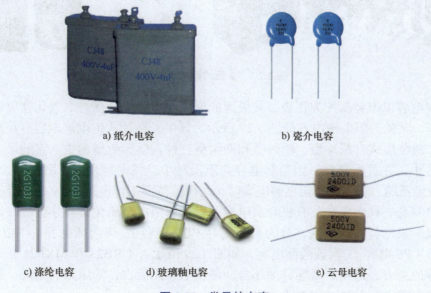

a) 纸介电容　　　　　　　　　　　　　b) 瓷介电容

c) 涤纶电容　　　　d) 玻璃釉电容　　　　e) 云母电容

图 3.25　常见的电容

电力电子实践中，常用的电容有电解电容、薄膜电容和多层陶瓷电容。

电解电容是有极性电容，常见的有铝电解电容和钽电解电容，如图 3.26 所示。通孔式（插针式）极性电容的识别：引线较长的为正极，若引线无法判别，则根据标记判别，铝电解电容标记负号的引线为负极，钽电解电容正极引线有标记。贴片式有极性铝电解电容的顶面有一个黑色标记，是负极标记。贴片式有极性钽电解电容的顶面有一条黑色或白色线，是正极标记。

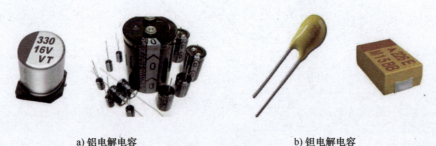

a) 铝电解电容　　　　　　　　　　　　　　b) 钽电解电容

图 3.26　电解电容

铝电解电容是以铝箔为正极，铝箔表面的氧化铝为介质，电解质为负极制成的电容，常见的铝电解电容如图 3.27 所示。铝电解电容体积大、容值大、耐压适中、ESR 高，用于储能，价格低廉。与无极性电容相比，铝电解电容绝缘电阻低、漏电流大、频率特性差、容值与损耗会随周围环境和时间的变化而变化，特别是在温度过低或过高的情况下，且长时间不用还会失效。贴片式铝电解电容是由阳极铝箔、阴极铝箔和衬垫卷绕而成。

图 3.27　常见的铝电解电容

钽电解电容以钽金属片为正极，其表面的氧化钽薄膜为介质，二氧化锰电解质为负极制成的电容，常见的钽电解电容如图 3.28 所示。其中，贴片式钽电解电容有矩形的，也有圆柱形的，封装形式有裸片型、塑封型和端帽型三种，以塑封型为主。它的尺寸比贴片式铝电解电容小，并且性能好。钽电解电容介质损耗小、频率特性好、耐高温、漏电流小，但耐压低及通流能力弱。选择钽电解电容时，耐压值按照工作电压的 2～2.5 倍选择。

薄膜电容是一种无极性、有机介质电容，以金属箔或金属化薄膜作电极，以塑料薄膜为介质制成。根据材料的不同，分为聚酯电容（CL 电容）、聚丙烯电容（CBB 电容）、聚苯乙烯电容（PS 电容）、聚碳酸酯电容，如图 3.29 所示。CBB21 和 MKP21 是未来通用类聚丙烯电容的主力，适用于高频脉冲场合。薄膜电容无极性，绝缘阻抗很高，频率特性优异（频率响应宽广），而且介质损失很小。

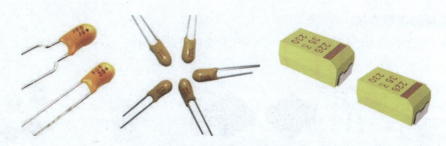

图 3.28　常见的钽电解电容

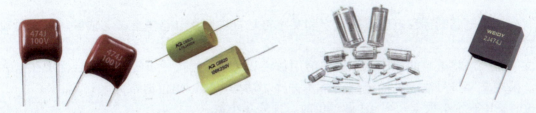

图 3.29　常见的薄膜电容

多层陶瓷电容（独石电容）的内部为多层陶瓷组成的介质层，为防止电极材料在焊接时受到侵蚀，两端头外电极由多层金属结构组成，常见的陶瓷电容如图 3.30 所示。陶瓷电容体积微小、容值小、耐压高、无极性、ESR 低、高频特性好、价格适中，但容易过电压失效，焊接变形失效，温度特性

图 3.30　常见的陶瓷电容

不稳定。陶瓷电容材质选择（性能好→差）COG→Film→Al→X7R→X5R→Ta→Y5V，一般选择 X7R 或者 X5R 可以满足基本的需求。

3.2.3　电感

电感器，简称电感，是将电能转换为磁能并存储起来的元件。电感在电路中主要用于滤波、缓冲、振荡、延时等。

1. 电感的主要技术指标

电感的主要技术指标包括：电感量、品质因数、标称电流和允许偏差等。

电感量表示电感线圈工作能力的大小。电感的品质因数 Q 是线圈质量的一个重要参数，表示在某一工作频率下，线圈的感抗 X 对其等效电阻 R 的比值，$Q = X/R$。线圈的 Q 值越高，回路的损耗越小。线圈的 Q 值与导线的直流电阻、骨架的介质损耗、屏蔽罩或铁心引起的损耗、高频趋肤效应的影响等因素有关。线圈的 Q 值通常为几十到几百。采用磁心线圈，多股粗线圈均可提高线圈的 Q 值。标称电流是指线圈允许通过的电流大小，通常用字母 A、B、C、D、E 分别表示标称电流值为 50mA、150mA、300mA、700mA、1600mA。允许偏差是电感量实际值与标称值之差除以标称值所得的百分数。

2. 电感量的表示方法

电感量的表示方法包括直标法、文字符号法、色标法、数码表示法等，如图 3.31 所示。

a) 直标法　　　　　　　b) 文字符号法　　　　　c) 色标法　　　　　d) 数码表示法

图 3.31　电感量的表示方法

直标法将电感的标称电感量用数字和文字符号直接标在电感体上，电感量单位后面的字母表示允许偏差。

文字符号法将电感的标称值和偏差值用数字和文字符号按一定的规律组合标示在电感体上。采用文字符号法表示的电感通常是一些小功率电感，单位通常为 nH 或 μH。用 μH 做单位时，R 表示小数点；用 nH 做单位时，N 表示小数点。

色标法在电感表面涂上不同的色环来代表电感量（与电阻类似），通常用三个或四个色环表示。识别色环时，紧靠电感体一端的色环为第一环，露出电感体本色较多的另一端为末环。注意：用这种方法读出的色环电感量，默认单位为 μH。

数码表示法是用三位数字来表示电感量的方法，常用于贴片电感上。三位数字中，从左至右的第一、二位为有效数字，第三位数字表示倍率，电感量默认单位为 μH，如标示 330 的电感为 33μH。如果电感量中有小数点，则用 R 表示，并占一位有效数字。

3. 电感等效电路

电感通常存在等效串联电阻 R_{ESR} 和等效并联电容 C_p 两个寄生参数，如图 3.32 所示。谐振频率 f_o 计算如式（3.3）所示，频率等于 f_o 呈阻性，低于 f_o 呈感性，高于 f_o 呈容性。

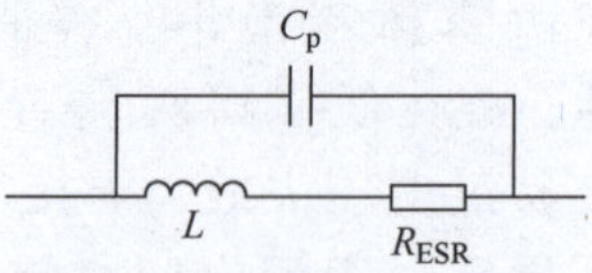

图 3.32　电感的等效电路

$$f_o = \frac{1}{2\pi\sqrt{LC_p}} \tag{3.3}$$

电感的 C_p 应该控制得尽可能小，同一电感量的电感会由于线圈结构不同而产生不同的 C_p 值。电感的 5 匝绕组按顺序绕制，C_p 值是 1 匝线圈等效并联容值 C 的 1/5。电感的 5 匝绕组按交叉顺序绕制，绕组 4 和 5 放置在绕组 1、2、3 之间，而绕组 1 和 5 非常靠近，这种线圈结构所产生的 C_p 值是 1 匝线圈 C 值的两倍。

相同电感量的两种电感的 C_p 值居然相差达数倍。在高频滤波上如果一个电感的 C_p 值太大，高频噪声就会很容易地通过 C_p 直接耦合到负载上。这样的电感也就失去了它的高频滤波功能。

4. 电感类型

常见的电感分为空心电感、扼流圈、可变电感、印制电感、贴片电感，如图 3.33 所示。

空心电感是用导线直接绕制在骨架上制成。线圈内没有磁心或铁心，通常线圈绕的匝数较少，电感量小。

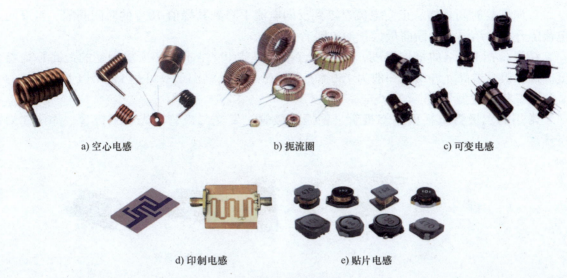

a) 空心电感　　　　　　　　b) 扼流圈　　　　　　　　c) 可变电感

d) 印制电感　　　　　　e) 贴片电感

图 3.33　常见的电感

扼流圈常见有低频扼流圈和高频扼流圈两大类，低频扼流圈又称滤波线圈，一般由铁心和绕组等构成，高频扼流圈在高频电路中，主要阻碍高频信号的通过。开关电源中的共模扼流圈，一般用来抑制输入 / 输出端的共模 EMI，满足电磁兼容标准。

可变电感线圈通过调节磁心在线圈内的位置来改变电感量。

印制电感又称微带线，常用在高频电子设备中，它是由 PCB 上一段特殊形状的铜箔构成。

贴片电感与贴片电阻、贴片电容不同的是其外观形状多种多样，有的贴片电感很大，从外观上很容易判断，有的贴片电感的外观形状与贴片电阻、贴片电容相似，很难判断，此时只能借助万用表来判断。

3.2.4　二极管

二极管主要由 PN 结加上相应的电极引线和管壳构成，具有单向导电性。

1. 二极管的主要参数

二极管的主要参数有正向导通压降、额定正向平均电流、反向重复峰值电压、反向恢复时间、最高允许结温。

二极管正向导通压降通常是指在某一温度下，二极管流过某一稳态正向电流时对应的正向导通压降。对于硅二极管，该压降具有负温度特性，即二极管等效电路温度越高，正向导通压降越小。

额定正向平均电流是指在指定结温、规定散热条件下二极管允许流过的最大工频正弦半波电流的平均值。在此电流下，由正向导通压降引起的损耗使得结温升高，此温度不得超过允许结温。

反向重复峰值电压是指二极管工作时所能重复施加的反向最高峰值电压（即额定电压），通常是反向雪崩击穿电压的 2/3。使用时，通常按电路中二极管可能承受的反向最高峰值电压的 1.5 倍来选取二极管的额定电压。

反向恢复时间是指从正向电流过零到反向电流下降到其峰值 10% 的时间间隔，与反向电流上升率、结温和关断前最大正向电流有关。

结温是指 PN 结的平均温度，最高允许结温是指 PN 结不损坏所能承受的最高平均温度。硅二极管最高允许结温一般为 150℃，宽禁带二极管结温最高可达 175℃以上。

2. 二极管类型

常用的二极管包括整流二极管、稳压二极管、发光二极管、光电二极管，如图 3.34 所示。

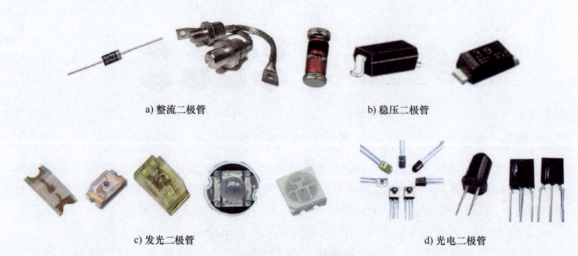

a) 整流二极管　　　　　　　　　　　　　　　b) 稳压二极管

c) 发光二极管　　　　　　　　　　　　　　　d) 光电二极管

图 3.34　常见的二极管

整流二极管作为一种重要的半导体器件，其核心功能为实现交流电到直流电的变换。在材料选择上，多采用硅基材料制造。硅材料赋予了整流二极管卓越的电气性能，使其能够承受较大幅值的正向电流，同时具备较高的反向击穿电压耐受能力。然而，由于其内部 PN 结存在较大结电容，在高频信号作用下，结电容的充放电效应会显著影响电流的传输特性，导致信号失真加剧，进而限制其工作频率，使其主要适用于低频电路环境。在电路应用方面，整流二极管可应用于各类低频半波整流电路，也可应用于全波整流电路，若需实现全波整流，单一的整流二极管无法满足需求，需将多个整流二极管按照特定拓扑连接成整流桥。通过整流桥电路的巧妙设计，能够将输入交流电的正、负半周均有效变换为同向的直流电输出，显著提升了整流效率及输出直流信号的稳定性与质量。

稳压二极管是指利用 PN 结反向击穿状态，其电流可在很大范围内变化而电压基本不变。通过在制造过程中的工艺措施和使用时限制反向电流的大小，能保证稳压二极管在反向击穿状态下不会因过热而损坏。稳压二极管与一般二极管不一样，它的反向击穿是可逆的，只要不超过稳压二极管电流的允许值，PN 结就不会过热损坏，当外加反向电压去除后，稳压二极管恢复原性能，所以稳压二极管具有良好的重复击穿特性。

发光二极管（Light-Emitting Diode, LED）由含镓（Ga）、砷（As）、磷（P）、氮（N）等的化合物制成。当电子与空穴复合时能辐射出可见光，因而可以用来制成发光二极管。外加正向电压时，发光二极管处于导通状态，当正向电流流过管芯时，发光二极管就会发光，将电能转化成光能。砷化镓二极管发红光，磷化镓二极管发绿光，碳化硅二极管发黄光，氮化镓二极管发蓝光。发光二极管的驱动电压低、工作电流小、体积小、可靠性高、耗电少和寿命长，具有很强的抗振动和冲击能力，广泛用于信号指示等电路中。

光电二极管又称光敏二极管。它的管壳上备有一个玻璃窗口，以便于接受光照。其特点是，当光线照射于它的 PN 结时，可以成对地产生自由电子和空穴，使半导体中少数载流子的浓度提高，在一定的反向偏置电压作用下，使反向电流增加，反向电流随光照强度的增加而线性增加。无光照时，光电二极管的伏安特性与普通二极管一样。光电二极管作为光控器件可用于各种物体检测、光电控制、自动报警等方面。当制成大面积的光电二极管时，可当作一种能源而称为光电池。此时它不需要外加电源，能够直接把光能变成电能。

功率二极管是一种专为高功率应用设计的半导体器件，能够在高电压、大电流条件下可靠工作。其结构通常采用 PIN（P 型 – 本征 –N 型）层设计，以扩展耗尽区并提升反向击穿电压（可达数千伏），同时通过优化掺杂降低正向导通压降，减少能耗。材料方面，除传统硅基外，SiC 等宽禁带半导体因其耐高温、低损耗及高频性能优势，逐渐成为高效能应用的首选。这类二极管具备优异的热稳定性，常配备 TO-220 或 TO-247 等封装以强化散热；主要应用于整流电路、逆变器、电机驱动及电源转换等场景，尤其在电动汽车和工业电力系统中承担交流转直流、续流保护等关键功能。尽管部分型号可能牺牲反向恢复速度以换取更高耐压，但快恢复型功率二极管通过结构改良，也能兼顾高频开关需求，平衡效率与性能。

3.2.5　晶体管

晶体管是一种电流控制器件。发射区与基区之间形成的 PN 结称为发射结，而集电区与基区形成的 PN 结称为集电结。其作用是把微弱信号放大成幅值较大的电信号，也用作无触点开关。

1. 主要参数

晶体管的主要参数包括电流放大系数、特征频率、集电极最大允许耗散功率、集电极最大电流、极间反向击穿电压。

电流放大系数是电流放大倍数，用来表示晶体管的放大能力。根据晶体管工作状态不同，电流放大系数又分为直流电流放大系数和交流电流放大系数。

直流电流放大系数是指在静态无输入变化信号时，晶体管集电极电流 I_C 和基极电流 I_B 的比值，故又称为直流放大倍数或静态放大系数，一般用 h_{FE} 或 β 表示。

交流电流放大系数是指在交流状态下，晶体管集电极电流变化量与基极电流变化量的比值，一般用 β' 表示。β' 是反映晶体管放大能力的重要指标。

尽管 β 和 β' 的含义不同，但在小信号下 $\beta \approx \beta'$，因此在计算时两者取相同值。

晶体管的工作频率超过截止频率时，其电流放大系数 β 将随着频率的升高而下降。特征频率是指 β 降为 1 时晶体管的工作频率。

集电极最大允许耗散功率是指晶体管参数变化不超过规定允许值时的最大集电极耗散功率。耗散功率与晶体管的最高允许结温和集电极最大电流有密切关系。使用晶体管时，晶体管实际功耗不允许超过最大耗散功率，否则会造成晶体管因过载而损坏。

集电极最大电流是指晶体管集电极所允许通过的最大电流。集电极电流上升会导致晶体管的电流放大系数下降，当电流放大系数下降到正常值的 2/3 时，集电极电流即为最大电流。

晶体管的某一极开路，另外两极允许加的最高反向电压为极间反向击穿电压，超过此值，管子会击穿。最大反向电压包括集电极–发射极反向击穿电压 U_{CEO}、集电极–基极反向击穿电压 U_{CBO} 及发射极–基极反向击穿电压 U_{EBO}。

2. 晶体管类型

晶体管的种类较多，按晶体管制造的材料来分，有硅管和锗管两种；按晶体管的内部结构来分，有 NPN 和 PNP 两种；按晶体管的工作频率来分，有低频管和高频管两种；按晶体管允许耗散的功率来分，有小功率管、中功率管和大功率管，如图 3.35 所示。

小功率晶体管的集电极最大允许耗散功率在 1W 以下。中功率晶体管主要用在驱动和激励电路，为大功率放大器提供驱动信号，集电极最大允许耗散功率在 1 ~ 10W。大功率晶体管的集电极最大允许耗散功率在 10W 以上。

图 3.35　常见的晶体管

3.2.6　MOSFET

MOSFET（金属–氧化物–半导体场效应晶体管）是一种电压控制型半导体器件，广泛应用于功率开关、放大电路等领域。其结构由栅极（G）、漏极（D）、源极（S）和体二极管构成，通过栅源电压控制导通，驱动电流极小；导通时电阻小，适合大电流应用；寄生电容小，开关速度快，适用于高频开关电路；导通电阻随温度升高而增大，需注意散热设计。

1. 主要参数

MOSFET 的额定参数有额定电压、额定电流、额定功率和额定温度。

额定电压有漏–源电压 U_{DSS} 和栅–源电压 U_{GSS}，漏–源电压指的是漏极与源极之间所能施加的最大电压值，超过此值会导致击穿；栅–源电压指的是栅极与源极之间所能施加的最大电压值，超过此值可能损坏栅极氧化物层。

额定电流有连续漏极电流 $I_{D(DC)}$ 和脉冲电流峰值 $I_{D(pulse)}$。连续漏极电流是漏极允许持续流过的最大直流电流值，此值受到导通阻抗、封装、内部连线和散热等条件制约。脉冲电流峰值是漏极允许通过的最大脉冲电流值，此值受到脉冲宽度和占空比等条件的制约。

额定功率是芯片所能承受的最大耗散功率，与散热条件相关，如图 3.36 所示，其测定条件有以下两种，如图 3.37 所示。有散热条件：$T_C = 25℃$（C：Case 的缩写）的条件，紧贴无限大散热板，封装背面温度为 25℃。无散热条件：$T_A = 25℃$（A：Ambient 的缩写）的条件，直立安装，不接散热板，环境温度为 25℃。

额定温度是指 MOSFET 的结温范围，MOSFET 的沟道的上限温度一般不超过 150℃，MOSFET 器件本身，或者使用了 MOSFET 的产品，其保存温度范围通常为最低 –55℃、最高 150℃。

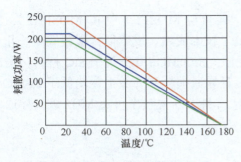

图 3.36　耗散功率与温度的关系

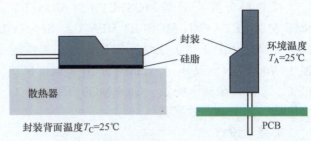

图 3.37　额定功率测定条件

选择 MOSFET 的额定值，器件的额定电压应高于实际最大电压值的 20%，器件的额定电流应高于实际最大电流值的 50%，器件的额定功率应高于实际最大功率值的 50%，而实际沟道温度不应超过 125℃。上述为推荐值，实际设计时应考虑最坏的条件。如沟道温度从 50℃提高到 100℃时，推算故障率提高 20 倍。

MOSFET 的寄生参数主要有寄生电容、体二极管、寄生电感。

寄生电容有输入电容 C_{gs}、输出电容 C_{ds} 和反向传输电容 C_{gd}，输入电容影响驱动电路的设计，输出电容在关断时影响电压上升速率，反向传输电容导致密勒效应，延长开关时间。

体二极管是寄生在漏源极间的二极管，在感性负载中提供续流路径，但反向恢复特性可能引起损耗。

寄生电感是封装引线电感，可能导致电压尖峰和振荡。

2. 主要类型

常见的 MOSFET 如图 3.38 所示，种类很多，按结构分类有平面型 MOSFET（Planar MOSFET）、沟槽型 MOSFET（Trench MOSFET）、超结型 MOSFET（Super-Junction MOS-FET，如 CoolMOS™、MDmesh™）、屏蔽栅 MOSFET（Shielded Gate MOSFET）和横向扩散 MOSFET（LDMOS）。平面型 MOSFET 采用传统结构，栅极横向布置，制造工艺简单，成本低，但导通电阻较大，适合中低压（<200V）场景。沟槽型 MOSFET 的栅极嵌入硅基体形成垂直沟道，大幅降低导通电阻和寄生电容，提升开关速度，适合高频（100kHz ～ 1MHz）、中压（30 ～ 200V）场景，效率高。超结型 MOSFET 采用交替掺杂的 P/N 柱结构，优化高压下的导通电阻与击穿电压的平衡，耐压能力高（600 ～ 900V），导通损耗低，适合高压应用。屏蔽栅 MOSFET 在栅极下方增加屏蔽层（如多晶硅或金属层），减少栅极与漏极间的电场干扰，降低开关损耗的同时，提升高频性能。横向扩散 MOSFET 通过横向扩散工艺形成沟道，高频特性优异，但耐压能力较低（<100V）。

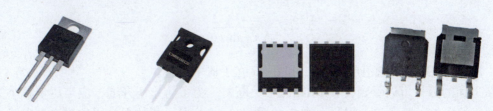

图 3.38　常见的 MOSFET

按材料分类有硅基 MOSFET（Si MOSFET）、碳化硅 MOSFET（SiC MOSFET）、氮化镓 MOSFET（GaN MOSFET/HEMT）。Si MOSFET 技术成熟、成本低，覆盖低压（几十伏）到高压（上千伏）场景，但高频和高温性能受限。SiC MOSFET 基于 SiC 材料，耐高温（>200℃）、耐高压（>1200V），开关速度极快，且导通损耗和开关损耗均低于 Si MOS-FET，适合高频高压场景。GaN MOSFET 基于 GaN 材料，开关频率可达 MHz 级，导通电阻极低，体积小、效率高。

3. 驱动设计

常用的 MOSFET 驱动电路如图 3.39 所示，其中，R_g 为驱动电阻，L_g 为驱动回路的感抗，一般在几十纳亨，R_{pd} 的作用是给 MOSFET 栅极积累的电荷提供泄放回路，一般取值在 10kΩ 到几十千欧，C_{gd}、C_{gs}、C_{ds} 是 MOSFET 的三个寄生电容。

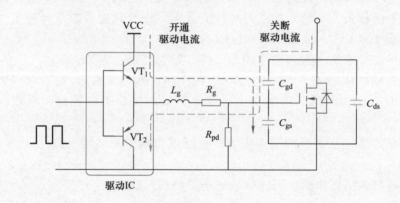

图 3.39　MOSFET 驱动电路

驱动电阻下限值的计算原则为：驱动电阻必须在驱动回路中提供足够的阻尼，来阻尼 MOSFET 开通瞬间驱动电流的振荡。

$$R_g \geqslant 2\sqrt{\frac{L_g}{C_{gs}}} \qquad (3.4)$$

实际设计时，一般先计算出 R_g 下限值的大致范围，然后再通过实验，以驱动电流不发生振荡作为临界条件，得出 R_g 的下限值。

驱动电阻上限值的设计原则为：防止 MOSFET 关断时产生很大的 dv/dt，使 MOSFET 再次误开通。

$$R_g \leqslant \frac{V_{th}}{C_{gd}dv/dt} \qquad (3.5)$$

式中，V_{th} 为 MOSFET 阈值电压；C_{gd} 和 dv/dt 在手册中可查。

从上面的分析可以看到，在 MOSFET 关断时，为了防止误开通，应当尽量减小关断时驱动回路的阻抗。基于这一思想，图 3.40 和图 3.41 给出了两种很常用的改进型电路，可以有效地避免关断时 MOSFET 的误开通问题。

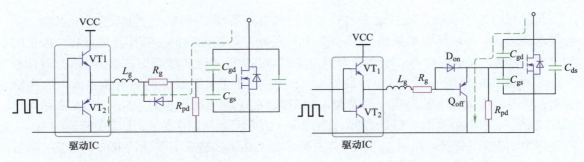

图 3.40　加速关断电路　　　　　　　　　　图 3.41　防串扰电路

MOSFET 驱动电阻的取值范围在 5~100Ω 之间，那么在这个范围内如何进一步优化阻值的选取，还需要从驱动芯片损耗方面来考虑。

当驱动电阻阻值越大时，MOSFET 开通关断时间越长，在开关时刻电压和电流交叠时间越久，造成的开关损耗就越大。所以在保证驱动电阻能提供足够的阻尼，防止驱动电流振荡的前提下，驱动电阻应越小越好。

驱动芯片的选型需要考虑驱动电流、功耗、传输延时，对隔离型驱动还要考虑一、二次侧的隔离电压，瞬态共模抑制。

MOSFET 的栅极最大电流计算如下：

$$i_{gm} = \frac{\Delta V_{gs}}{R_g} \tag{3.6}$$

式中，ΔV_{gs} 为驱动电压的摆幅。

在选择驱动芯片时，最重要的一点就是驱动芯片能提供的最大电流要超过式（3.6）所得出的电流，即驱动芯片要有足够的"驱动能力"。

驱动功耗计算如下：

$$P_{driver} = Q_g \Delta V_{gs} f_s \tag{3.7}$$

式中，Q_g 为栅极充电电荷；f_s 为 MOSFET 的开关频率。

选择驱动芯片时，应选择驱动芯片所能提供的功率大于式（3.7）所计算出来的功率。同时还要考虑环境温度的影响，因为大多数驱动芯片所能提供的功率都是随着环境温度的升高而降额的，如图 3.42 所示。

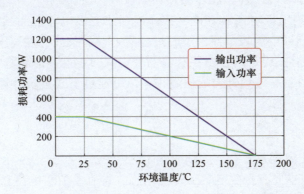

图 3.42　驱动允许的损耗功率随着环境温度升高而降额

传输延时是指驱动芯片的输出信号上升沿和下降沿都要比输入信号延迟一段时间。一般要求传输延时的时间要尽量短,"开通"和"关断"传输延时的一致性要尽量好。以常用的 IGBT 驱动,光电耦合器 M57962 为例,该驱动芯片的开通传输延时一般为 1μs,最长为 1.5μs。关断传输延时一般为 1μs,最长为 1.5μs。其开通关断延时的一致性很差,这样就会对死区时间造成很大的影响。假设输入 M57962 的驱动死区设置为 1.5μs。那么实际到达 IGBT 栅极 – 发射极的驱动死区时间最长为 2μs(下管开通延时 1.5μs,上管关断延时 1μs),最小仅为 1μs(下管开通延时 1μs,上管关断延时 1.5μs)。造成实际到达 IGBT 栅极 – 发射极的死区时间不一致。因此在设计死区时间时,应当充分考虑到驱动芯片本身的传输延时的不一致性,避免因此造成的死区时间过小导致的桥臂直通。

对于隔离型驱动(光耦隔离、磁耦隔离)来说,还需要考虑一、二次侧的绝缘电压和共模瞬态抑制。一般项目中都会给出一、二次侧的绝缘电压的相关要求,若没有相关要求,一般可取绝缘电压为 MOSFET 额定电压的两倍以上。对于桥式电路来说,同一桥臂上管的源极(也就是下管的漏极)是高频跳变的,该高频跳变的 dv/dt 会通过隔离驱动一、二次侧的寄生电容产生较大的共模电流耦合到一次侧,从而对控制驱动产生影响。在实际选择驱动芯片时,驱动芯片的共模瞬态抑制应该大于电路中实际的 dv/dt,越大越好。

3.2.7 IGBT

IGBT(绝缘栅双极型晶体管)是一种兼具 MOSFET 高输入阻抗和 BJT(双极型晶体管)低导通损耗优势的复合型功率半导体器件,既有 MOSFET 器件驱动功率小和开关速度快的特点,又有双极型器件饱和压降低而容值大的特点,频率特性介于 MOSFET 与功率晶体管之间。其结构由栅极(G)、集电极(C)、发射极(E)构成,通过栅极电压控制导通与关断,可高效实现高电压(数百至数千伏)、大电流(数十至数千安)的开关控制,具有开关速度快、驱动功率小、耐压能力强等特性,广泛应用于新能源发电(光伏 /风电逆变器)、电动汽车电驱系统、工业变频器及智能电网等领域。

1. 主要参数

IGBT 的额定参数有额定电压、额定电流、额定耗散功率与温度。

额定电压参数有集电极 – 发射极阻断电压、栅极 – 发射极耐压。集电极 – 发射极阻断电压是集电极 – 发射极之间能承受的最大反向电压,需高于实际电路峰值电压的 1.5~2 倍。栅极 – 发射极耐压通常在 ±20V,超压会损坏栅极氧化层。

额定电流有连续集电极电流和脉冲电流。连续集电极电流受封装散热能力限制,需结合壳温(T_C)评估。脉冲电流表示器件短时过载能力,需关注脉冲宽度。

额定耗散功率是指在规定的正常工作条件下,IGBT 能够长期稳定工作所允许的最大功率损耗,与 IGBT 的芯片结到外壳的热阻相关。可通过下式进行计算:

$$P = \frac{\Delta T}{R_{th(jc)}} \tag{3.8}$$

式中,ΔT 为芯片结壳温度差;$R_{th(jc)}$ 为结壳热阻。

IGBT 的寄生参数主要有寄生电容、寄生电感。寄生参数影响高频开关性能与 EMI(电磁干扰)设计。

寄生电容参数主要有输入电容和反向传输电容。输入电容是栅极 – 发射极间寄生电容和栅极 – 集电极间寄生电容总和，决定栅极电荷（Q_g）和驱动功率。反向传输电容是栅极 – 集电极间寄生电容，也是密勒电容（C_{GC}），导致开通时的电压平台效应。

寄生电感参数主要指封装寄生电感，寄生电感会引起关断电压尖峰，需设计 RC 缓冲吸收电路或钳位电路。

与 MOSFET 驱动电路相比，IGBT 驱动电路的栅极驱动电压通常在 15～20V 之间，驱动电路相对复杂。IGBT 的开关速度较 MOSFET 慢，因此在高频应用中可能需要额外考虑开关损耗。IGBT 驱动电路通常需要采用专用的驱动芯片，这些芯片能够提供足够的栅极电流来快速充放电 IGBT 的栅极电容。

2. 主要类型

常见的 IGBT 如图 3.43 所示，按结构设计分为穿通型（Punch Through，PT）、非穿通型（Non-Punch Through，NPT）、场终止型（Field Stop，FS）和沟槽栅型（Trench Gate，TG）。穿通型 IGBT 通过薄基区降低导通压降，但耐压能力有限（通常 <1200V）。非穿通型 IGBT 采用厚基区设计，耐压更高（可达 1700V），温度稳定性好。场终止型 IGBT 结合穿通型与非穿通型的优点，优化电场分布，实现高耐压（3300V 以上）与低导通损耗，适用于高压场景。沟槽栅型 IGBT 的栅极嵌入硅片内部，减少导通电阻（集电极 – 发射极饱和电压更低），提升开关速度，多用于高频应用（如变频器）。

按封装形式分类有分立器件、功率模块和智能功率模块。分立器件（单管）如 TO-247、TO-220，适合小功率场景（数十安）；功率模块集成多个 IGBT 芯片（半桥 / 全桥拓扑），支持数百至数千安电流（如 62mm 模块、EconoDUAL 封装）。智能功率模块内置驱动电路、保护功能（过电流、过热），专用于电机控制（如空调、电动汽车）。

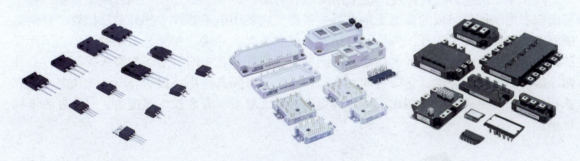

图 3.43　常见的 IGBT

3.2.8　继电器和开关

为了实现对强电的有序通断，通常采用继电器。继电器是一种电控制器件，是当输入量的变化达到规定要求时，在电气输出电路中使被控量发生预定的阶跃变化的一种电器。它具有控制系统和被控制系统之间的互动关系，通常应用于自动化的控制电路中。它实际上是用小电流去控制大电流运作的一种自动开关，故在电路中起着自动调节、安全保护、转换电路等作用。

常用的继电器有电磁继电器和固态继电器。

电磁继电器是利用输入信号（电压、电流）在电磁铁铁心中产生电磁力，吸引衔铁，从而使触点动作，实现断开、闭合或转换控制的一种机电元件，如图 3.44 所示。它是用较小的电流、较低的电压去控制较大的电流、较高的电压的一种开关控制方式，在电路中起着自动调节、安全保护、转换电路等作用。电磁继电器主要由触点簧片、衔铁、线圈、铁心等部件组成。电磁继电器广泛应用于航空、航天、船舶、家电等领域，主要完成信号传递、执行控制、系统配电等功能，是各系统中的关键电子元器件之一。

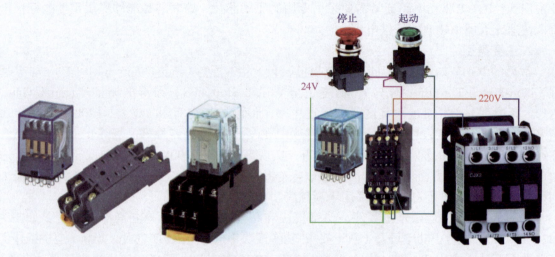

图 3.44　电磁继电器

除了电磁继电器之外，还广泛采用固态继电器，如图 3.45 所示。固态继电器是一种全部由固态电子器件组成的新型无触点开关器件，它利用电子器件（如开关晶体管、双向晶闸管等半导体器件）的开关特性，可达到无触点无火花地接通和断开电路的目的，因此又被称为无触点开关。固态继电器是一种四端有源器件，其中两个端子为输入控制端，另外两个端子为输出受控端。它既有放大驱动作用，又有隔离作用，很适合驱动大功率开关式执行机构，与电磁继电器相比，可靠性更高，且无触点、寿命长、速度快，对外界的干扰也小。

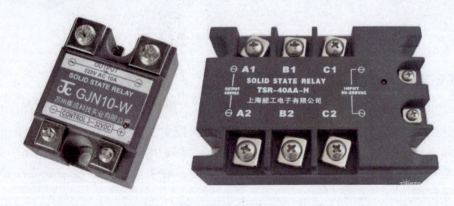

图 3.45　固态继电器

开关可以控制电路的通断。在 PCB 中经常会使用拨码开关、拨动开关，在大功率场合经常会使用控制按钮、急停按钮等，如图 3.46 所示。这些开关与继电器一起构成强弱电的控制回路，完成各种复杂的控制功能。

a) 拨码开关　　　　　　　　　　　　b) 拨动开关　　　　　　　　　　　c) 按钮

图 3.46　开关

3.3　电路板

作为电子电路连接的关键载体，电路基板依据制造工艺和应用场景主要分为三大类：无焊实验板（面包板）、PCB 实验板（洞洞板）以及 PCB，如图 3.47 所示。其中，面包板凭借其可重复插接特性广泛应用于原型验证阶段。PCB 实验板通过焊盘矩阵实现基础电路搭建。而 PCB 作为工业化生产标准件，采用光刻刻蚀工艺实现精密线路布局，是现代电子产品实现高密度互连的核心组件。

面包板是专为电子电路的无焊接实验设计制造的。由于板子上有很多小插孔，各种电子元器件可根据需要随意插入或拔出，免去了焊接，节省了电路的组装时间，而且元器件可以重复使用，所以非常适合电子电路的组装、调试和训练。

洞洞板，也称点阵板或万能板，是一种按照标准集成电路间距（2.54mm）布满焊盘、可按设计要求插装元器件及连线的 PCB。相比专业的 PCB，洞洞板具有使用门槛低、成本低廉、使用方便、扩展灵活的优势。

PCB 是电子元器件的支撑体，用金属导体作为连接电子元器件的线路。传统的电路板，采用印制刻蚀阻剂的工艺方法，做出电路的线路及图面，因此被称为印制电路板或印制线路板。随着电子产品不断微小化、精细化，目前大多数的电路板都是采用贴附刻蚀阻剂（压膜或涂布），经过曝光显影后，再以刻蚀做出电路板。

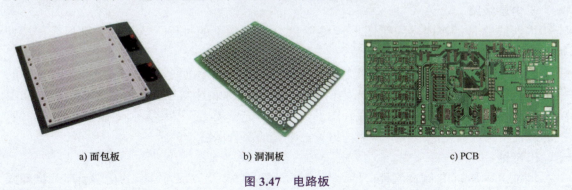

a) 面包板　　　　　　　　　　　　b) 洞洞板　　　　　　　　　　　c) PCB

图 3.47　电路板

3.3.1 PCB 制作工艺

PCB 有双面板和多层板，一般多层板的基本制作工艺流程如图 3.48 所示，大致有 CAM 制作、开料、内层线路、刻蚀、AOI、层压、钻孔、沉铜、外层线路、图形电镀、阻焊、成型、测试、包装等步骤。

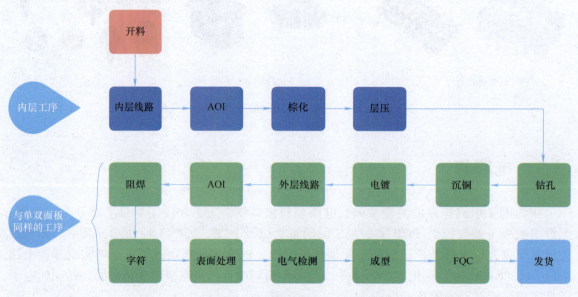

图 3.48　多层 PCB 的生产工艺

1. 开料

PCB 的原材料尺寸有 1.02m×1.02m 和 1.02m×1.22m 两种规格，如果单板或拼板的尺寸不合适，PCB 生产过程中，就会产生很多原料废边，增加成本。把覆铜板切割成需要的大小，叫作开料。覆铜板是介质层两面覆上铜，介质材料不同，功能、性能和价格也不一样。不同介质覆铜板的性能指标因材料构成和应用场景而异。按绝缘材料和结构分为有机树脂、金属基和陶瓷基。有机树脂如 FR-4 环氧玻璃纤维基板成本低、机械强度高、加工工艺成熟，成为低成本通用设计的最优选择。金属基覆铜板高热承载能力强，支持大电流设计，适合高功率、散热要求高的场景。陶瓷基板具有超高导热性、耐电弧性优异，但脆性大，加工成本高，适用于高功率模块封装、微波射频封装。

2. 内层线路

内层线路是指将内层线路图形转移到 PCB 覆铜板上的过程，具体包括磨板或化学处理、贴膜（湿膜）、曝光、显影等流程。

磨板是去除氧化、增加铜面粗糙度，便于菲林附着在铜面上。贴干膜是将经过处理的铜面基板贴上干膜，便于后续曝光生产。曝光是将菲林底片与压好干膜的基板对位，在曝光机上利用紫外光的照射将菲林底片图形转移到感光干膜上。显影是利用显影液（碳酸钠）的弱碱性将未经曝光的干膜溶解冲洗掉，已曝光的部分保留。

3. 刻蚀

刻蚀工序是 PCB 制造流程中的一个关键步骤，它涉及一系列复杂的化学反应和物理操作,有化学腐蚀和物理剥离的双重作用。在此过程中,首先需要通过显影来去除未经曝光的干膜,这一步的目的是使铜箔表面露出需要印制的线路图形。显影后,铜箔表面的部分区域将被曝光并形成可见的颜色,而未被曝光的部分则保持不变或溶解于显影液中。

接下来的刻蚀阶段是利用盐酸混合型药水对露出的铜面进行溶解腐蚀,这一步骤的目的是去除不必要的铜,确保只有导体区域能够保留。在这个过程中,刻蚀液的主要成分通常是氯化铜($CuCl_2$),因为它能有效地与铜反应,并且具有较好的可逆性。此外,为了提高刻蚀的速度和精度,往往会采用特定的化学配方,如氯化铜与盐酸混合的酸性氯化铜刻蚀液。

经过刻蚀处理后,铜箔表面将形成所需的线路图形,但为了进一步确认这些线路的准确性和完整性,还需要使用氢氧化钠溶液进行退膜步骤。退膜是指通过强碱性溶液将保护层剥掉,以便露出最终的线路图形。在这个过程中,氢氧化钠的作用是剥离之前已完成刻蚀的部分,这样就可以看到完整的线路设计。

整个刻蚀与退膜过程不仅需要精确控制化学物质的浓度和温度,还需确保各个步骤之间的衔接顺畅无冲突,以确保最终产品的质量符合标准。此外,随着技术的发展,一些先进的刻蚀工艺开始采用更加环保和高效的方法,例如等离子技术,这有助于减少化学试剂的使用,同时保持高质量的线路图形。

4. AOI

自动光学检测(AOI)作为一种先进的技术,为 PCB 检测提供了有效的解决方案。AOI 系统通过使用高清晰度线阵相机对 PCB 进行扫描,能够自动提取 PCB 表面的图形信息,并与预先存储的理想图形进行对比,从而发现潜在的缺陷或问题。

这一过程涉及多个步骤,包括图形的捕获、数字化转换、特征点的逻辑判断、线条和轮廓的逻辑比对,以及缺陷的判定与提取。每个步骤都是为了确保 PCB 的质量达到行业标准,减少因缺陷导致的产品返修或报废。

AOI 系统的应用不仅限于检测单个缺陷,它能够检测更全面的问题,如焊接不足、线路偏差、组件位置不当等,这些都是影响 PCB 性能的关键因素。此外,AOI 还能够检测到一些传统视觉方法难以察觉的缺陷,如局部短路、焊料厚度不一致等。

随着技术的进步,AOI 技术也在不断发展。例如,多光谱高清线阵相机的应用可以提供更高的分辨率和更广的视野,使其在更复杂的环境下仍能保持高效的检测能力。此外,最新的 AOI 解决方案还采用了深度学习算法,能够更加准确地识别和处理 PCB 表面的缺陷,提高检测的准确性和效率。

5. 棕化

棕化处理是增强内层铜层与半固化片之间的粘合强度。通过这一过程,铜层表面被化学粗化处理,生成一层具有良好粘合特性的有机金属层结构,从而为后续的层压工序打下坚实的基础。这种有机金属层不仅能够提供更强的结合力,还有助于提升 PCB 的整体性能,包括提高抗热冲击、抗分层能力以及改善电气绝缘性能。

在棕化过程中,首先对铜箔表面进行彻底清洁和预处理,以去除任何氧化层和污染物。接着,使用棕化药水进行表面化学处理,形成一层均匀的棕色有机金属转化膜。这层膜具有粗糙微观结构,对 PCB 的质量和可靠性至关重要。不当的棕化处理可能导致层间结合不良,导致设备在热循环或机械应力下的性能下降,如分层、起泡或线路断路等问题。

值得注意的是，棕化工艺不仅限于提升铜层与树脂之间的结合力，它还能增大铜箔与树脂的接触面积，增加两者之间的结合力，同时增加铜面对流动树脂之间的润湿性，使得树脂在高温下能流入各死角，在硬化后获得更强的附着力。此外，棕化处理还能在铜表面生成细密的钝化层，防止硬化剂与铜在高温高压状态下反应生成水而产生爆板的风险。

随着 PCB 技术的进步，棕化技术也在不断发展，包括低温等离子体氧化、激光氧化等技术，这些新技术能够缩短氧化时间，减少能源消耗，提高生产效率和产品质量稳定性。

6. 层压

在 PCB 制造过程中，层压是一道极为关键的工序。其核心原理是借助于 PP 片（聚丙烯片）独特的粘合性，将各层线路牢固地粘结成一个紧密的整体。具体而言，在实际操作阶段，首先要严格按照工艺要求，仔细地将铜箔、PP 半固化片、内层板以及外层钢板等多种材料依次进行叠合。铜箔作为电流传导的关键介质，起着至关重要的作用；PP 半固化片在层压过程中受热会逐渐软化并流动，从而实现对各层材料的有效粘结；内层板承载着部分线路布线，是整个线路系统的重要组成部分；而外层钢板则在层压时提供均匀的压力，确保各层材料能够紧密贴合。叠合完成后，将这一组合体小心地送入真空热压机中。在真空热压机内，通过精确控制温度、压力以及时间等参数，PP 半固化片在高温下逐渐完成固化反应，其分子结构发生变化，从而将各层材料牢固地粘结在一起，最终形成一个完整且性能稳定的多层 PCB。

7. 钻孔

钻孔工序是构建层间电气连接的关键环节，其核心目的在于使 PCB 的不同层之间产生精准的通孔，从而实现层与层之间的有效连通，确保整个电路系统的信号能够顺畅传输。

钻孔操作通常要借助专业的钻孔设备，如高精度数控钻孔机。在正式钻孔前，需依据 PCB 的设计图样，精确规划每个钻孔的位置、孔径大小等参数。操作人员会将待加工的 PCB 固定在钻孔机的工作台上，钻孔机的钻头在高速旋转的状态下，以极高的定位精度，逐步穿透 PCB 的各层材料，包括铜箔、绝缘层以及内层线路等，直至形成一个个符合设计要求的通孔。这些通孔在后续的工序中，会通过镀铜等工艺处理，在孔壁上形成导电层，使得不同层间的线路能够借助这些通孔实现可靠的电气连接，进而保障整个 PCB 的正常工作和电路功能的完整实现。

8. 沉铜

沉铜工序是保障 PCB 电气性能的关键环节之一，而沉铜前的准备工作同样不容忽视。已钻孔的 PCB，其孔壁在钻孔过程中会不可避免地沾染各类污垢，如钻孔产生的碎屑、油污以及加工过程中附着的杂质等。这些污染物若不及时清除，将严重影响后续沉铜效果，进而危及整个 PCB 的层间连通质量。因此，需采用化学方法对孔壁进行深度清洁除污。通常会使用特定的化学试剂，这些试剂能够与孔壁上的污垢发生化学反应，将其溶解、分解或转化为易于清除的物质形态，随后通过冲洗等方式彻底去除污垢，使孔壁呈现出洁净、适宜后续处理的状态。

沉铜，又被称为化学铜工艺。完成钻孔及孔壁清洁后的 PCB 会被放置于沉铜缸内。沉铜缸中盛有富含铜离子的化学溶液，在特定的温度、酸碱度以及其他工艺条件控制下，PCB 的孔壁与溶液之间会发生氧化还原反应。在这个反应过程中，溶液中的铜离子获得电子，被还原为金属铜，并逐渐沉积在原本绝缘的基材表面，尤其是钻孔形成的孔壁上。随着反应的持续进行，铜层不断增厚，直至在孔壁上形成一层连续、致密且具有良好导电性的铜层，成功实现对孔的金属化处理。如此一来，原本绝缘隔离的各层线路，借助这些孔壁上的铜层实现了电性相通，为整个 PCB 实现复杂的电路功能奠定了坚实基础。

9. 电镀

电镀工序是提升沉铜后 PCB 性能的重要环节，刚从沉铜工序完成的 PCB，虽已在孔壁及板面初步形成铜层，但这层铜的厚度往往难以满足实际电路使用中对导电性、耐久性等方面的严格要求。电镀工艺便是对沉铜后的 PCB 进行板面与孔内铜层的加厚处理。

电镀过程需在专门的电镀槽中进行。电镀槽内盛有含有铜离子的电镀液，同时配备精准的电流控制系统与温度调节装置，以确保电镀过程在最佳条件下进行。将沉铜后的 PCB 作为阴极浸入电镀液中，同时在电镀液中放置一块阳极铜板。当电流通过电镀液时，阳极铜板上的铜原子在电场作用下失去电子，变成铜离子溶解到电镀液中；而在阴极的 PCB 表面，电镀液中的铜离子则获得电子，以金属铜的形式沉积在 PCB 的板面以及孔内。随着电镀时间的推移，板面和孔内的铜层逐渐增厚，其厚度可依据具体的工艺标准与产品需求进行精确调控。通过这一电镀工艺，不仅显著增强了 PCB 板面与孔内铜层的导电性，提升了 PCB 整体的电气性能，还提高了铜层的物理强度与抗腐蚀能力，为 PCB 在各种复杂环境下稳定工作提供了有力保障，确保其能够可靠地承载各类电路信号传输任务，满足现代电子设备对高精度、高性能 PCB 的严苛要求。

10. 外层线路

外层线路和内层线路的流程一样，此处不再赘述。

11. 阻焊

阻焊工艺是借助丝网印刷技术，将专门的阻焊油墨精准地涂布在 PCB 的表面。丝网印刷设备配备有一张精细制作的丝网，网版上依据 PCB 的设计图案，镂空出特定区域。当阻焊油墨通过刮板的挤压，透过丝网的镂空部分，便能均匀地覆盖在 PCB 相应的位置上，从而在整个板面上形成一层厚度适宜的阻焊涂层。

完成丝网印刷后，PCB 会被送入预烤设备进行初步烘烤。预烤的目的是使阻焊油墨中的溶剂适度挥发，初步固化油墨涂层，增强其附着力，同时稳定油墨层的形态，为后续的曝光显影工序做好准备。预烤过程在严格控制的温度与时间条件下进行，以确保达到最佳的预固化效果。

紧接着，经过预烤的 PCB 进入曝光环节。曝光设备利用紫外线光源，通过带有电路图案的光掩模对 PCB 进行照射。在光线照射到的区域，阻焊油墨中的感光成分发生光化学反应，分子结构改变并进一步固化。而被光掩模遮挡的区域，油墨则保持未感光状态。

随后，PCB 进入显影工序。在显影液的作用下，未感光部分的阻焊油墨被溶解并冲洗掉，从而精准地露出 PCB 上需要焊接的焊盘与过孔，而 PCB 的其他区域则依旧被牢固覆盖在阻焊层之下。这层阻焊层在后续的焊接过程中发挥着至关重要的作用，它能够有效阻止焊料在不必要的位置流动与堆积，防止因相邻线路间焊料桥接而导致的短路现象发生，极大地提高了焊接的准确性与可靠性，保障了 PCB 上复杂电路的正常运行。

12. 字符

为了实现 PCB 的标识、信息标注以及品牌呈现等功能，会借助文字喷墨机开展特定的加工操作。操作人员依据 PCB 的设计要求，将所需制作的文字内容、商标图案或零件符号等信息，通过专业的编辑软件输入到文字喷墨机的控制系统中。

当设备启动后，文字喷墨机的喷头在精密的运动控制下，沿着PCB的表面按照既定路径进行移动。喷头内存储的专用油墨，在设备指令的控制下，以极其细微且均匀的墨滴形式喷射而出。这些墨滴精准地落在PCB预设的位置上，逐渐组合形成清晰、完整的文字、商标或零件符号等图案。

在油墨喷射完成后，为了确保这些图案能够牢固地附着在PCB表面，并且具备良好的耐磨性与耐久性，需要对带有油墨图案的PCB进行烘烤处理使油墨达到固化状态。PCB被放置在专门的烘烤设备内，烘烤设备会依据油墨的特性，严格控制烘烤的温度与时间。

13. 表面处理

对铜面进行恰当的表面处理是保障PCB长期可靠性与稳定性的关键环节。由于铜的化学性质较为活泼，在自然环境中，尤其是在潮湿的条件下，极易与空气中的氧气发生氧化反应，生成氧化铜等氧化物。这些氧化物会在铜表面形成一层绝缘膜，不仅显著增加了电路的电阻，阻碍电流的顺畅传输，严重时甚至可能导致电路断路，影响整个PCB的正常工作。因此，为防止PCB受潮氧化，必须对铜面实施有效的表面处理措施。常见的表面处理有喷锡、沉金、有机保焊膜处理、镍钯金处理等。

喷锡是通过将熔化的锡合金以高压喷射的方式均匀地覆盖在铜表面，形成一层具有良好可焊性与耐腐蚀性的锡层。沉金则是利用化学还原反应，在铜表面沉积一层金层。有机保焊膜处理是在铜表面形成一层薄的有机保护膜。镍钯金处理是一种较为复杂且高端的表面处理工艺。首先在铜面上沉积一层镍，作为阻挡层防止铜扩散；接着在镍层上沉积钯，钯层具有良好的抗腐蚀性与可焊性；最后再在钯层上沉积一层金。这种多层结构的表面处理，使PCB铜面兼具优异的防氧化性能、卓越的可焊性以及良好的耐磨性，适用于航空航天、军事装备等高可靠性、高性能要求的电子设备PCB制造。

14. 成型

成型工序是采用CNC（计算机数字控制）成型机对PCB进行切割加工，实现高精度、高一致性的外形尺寸定制。

当PCB完成之前的线路制作、阻焊处理以及表面处理等一系列工序后，便进入到成型环节。在操作开始时，技术人员需依据PCB的设计图样，在CNC成型机的控制系统中精确输入所需的外形尺寸参数，包括长、宽、孔径、槽深等关键数据，并设定切割路径与加工工艺参数，如刀具转速、进给速度、切削深度等。这些参数的合理设置直接关系到切割质量与效率。

CNC成型机配备有高速旋转的精密刀具，常见的如铣刀、钻头等，刀具安装在可精确移动的主轴上。在切割过程中，PCB被牢固地固定在工作台上，工作台在CNC系统的驱动下，按照预设的切割路径进行精确位移。主轴带动刀具高速旋转，以极高的切削速度对PCB进行切削加工。在刀具与PCB的接触过程中，材料被逐步去除，从而精准地切割出符合设计要求的外形轮廓，包括板边的直线、曲线、各种异形形状，以及板面上的安装孔、定位槽等结构。

15. 电气检测

电气检测是通过飞针或者全自动测试机进行电性能检查，判断PCB是否存在开路、短路等电性能缺陷。

飞针测试机凭借其独特的探针移动技术实现电性能检测。设备配备若干可独立运动的飞针，这些飞针由高精度的电机驱动，能够在三维空间内灵活移动。在测试前，技术人员需依据 PCB 的设计文件，在测试机控制系统中导入详细的电路网络连接信息以及测试程序。当 PCB 被放置在测试台上并固定后，飞针测试机开始工作。飞针按照预设的程序，逐一接触 PCB 上的测试点，这些测试点通常分布在焊盘、过孔等关键位置。飞针与测试点接触后，测试机向电路中注入特定的电信号，通过检测反馈信号来判断电路的连通性。若检测到的信号与预期值不符，如电阻值无穷大（开路情况）或电阻值趋近于零（短路情况），测试机便会立即记录并标识出相应的缺陷位置。飞针测试机适用于小批量、多品种的 PCB 生产测试，因其无需制作昂贵的测试夹具，可灵活应对不同板型的测试需求。

全自动测试机则采用更为高效、规模化的检测方式。该设备基于针床测试原理，拥有一块布满探针的针床，针床的探针布局与 PCB 上的测试点精确对应。在测试时，PCB 被精准放置在针床上，通过机械压力使针床探针与 PCB 测试点紧密接触。全自动测试机同样依据预设的测试程序，向电路注入多种类型的电信号，如模拟信号、数字信号等，并全面采集电路的响应信号。设备内部的高性能数据采集与分析系统能够快速处理海量的测试数据，与标准数据库中的正常电性能参数进行比对。一旦发现信号偏差超出允许范围，系统会迅速判定为开路或短路等故障，并在显示屏上清晰地显示出故障位置及类型。全自动测试机测试速度快、准确性高，适合大批量 PCB 的生产检测，能够极大地提高测试效率，降低生产成本，保障产品质量的稳定性。

16. FQC

FQC（Final Quality Control，最终质量控制）主要针对 PCB 的外观、尺寸、孔径、板厚、标记等检查，确保每一块出厂的 PCB 都能完全满足客户的各项要求。

外观方面，会仔细审视 PCB 表面是否存在瑕疵，如划痕、污渍、油墨不均、铜箔破损等情况。任何细微的表面缺陷都可能影响 PCB 的电气性能与使用寿命，因此外观检查要求工作人员具备敏锐的观察力与丰富的经验，确保不放过任何一处可能影响产品质量的外观问题。

尺寸检查同样严格，需使用高精度的测量工具，如卡尺、千分尺等，对 PCB 的长、宽等整体外形尺寸进行精确测量。尺寸偏差必须严格控制在客户规定的公差范围内，因为哪怕是微小的尺寸误差，都可能导致在后续的电子设备组装过程中出现安装适配问题，影响整个产品的组装质量。

孔径检查也是 FQC 的重点工作之一。PCB 上分布着众多用于电气连接与元器件安装的过孔，这些孔径的大小精度直接关系到元器件引脚的插入以及后续的焊接效果。工作人员会借助孔径测量仪等专业设备，逐一测量关键过孔的直径，确保其与设计要求完全相符，避免因孔径过大或过小引发电气连接不良或元器件安装不牢固等问题。

板厚的检查同样不容忽视。合适的板厚对于保证 PCB 的机械强度以及电气性能的稳定性至关重要。FQC 人员通常会采用板厚测量仪对 PCB 的不同位置进行多点测量，确保板厚均匀且符合客户所规定的数值范围，防止因板厚偏差影响 PCB 在实际使用中的可靠性。

标记检查则聚焦于 PCB 上的各类标识，包括文字、符号、商标等。这些标记承载着产品型号、生产批次、元器件位置指示等重要信息，必须清晰、完整且准确无误。工作人员会仔细核对标记的内容是否与客户的要求一致，以及标记的印刷质量是否达标，防止因标记模糊或错误导致产品追溯、组装等环节出现混乱。

3.3.2 PCB 布局布线规范

PCB 的布局主要从元器件的放置、走线及信号抗干扰等方面考虑。

元器件的放置原则有：遵照"先大后小，先难后易"的布置原则，即重要的单元电路、核心元器件应当优先布局；布局中应参考原理框图，根据单板的主信号流向规律安排主要元器件；元器件的排列要便于调试和维修，即小元器件周围不能放置大元器件，需调试的元器件周围要有足够的空间；相同结构电路部分，尽可能采用"对称式"标准布局；按照均匀分布、重心平衡、版面美观的标准优化布局；发热元器件一般应均匀分布，以利于单板和整机的散热，除温度检测元件以外的温度敏感器件应远离发热量大的元器件。去耦电容的布局要尽量靠近集成电路的电源引脚，并使之与电源和地之间形成的回路最短。元器件布局时，应适当考虑使用同一种电源的元器件尽量放在一起，以便于将电源分隔。

按照走线及信号抗干扰，布局应尽量满足以下要求：总的连线尽可能短，关键信号线最短；高电压、大电流信号与低电压、小电流信号完全分开；模拟信号与数字信号分开；高频信号与低频信号分开；高频元器件的间隔要充分。

PCB 的布线主要考虑绝缘及线宽通流能力、抗干扰能力及减少回路寄生电感等方面。

关键信号线优先原则：模拟小信号、高速信号、时钟信号和同步信号等关键信号优先布线。密度优先原则：从单板上连接关系最复杂的元器件着手布线，从单板上连线最密集的区域开始布线。

尽量为时钟信号、高频信号、敏感信号等关键信号提供专门的布线层，并保证其最小的回路面积。必要时应采取手工优先布线、屏蔽和加大安全间距等方法，保证信号质量。电源层和地层之间的电磁兼容环境较差，应避免布置对干扰敏感的信号。

绝缘及线宽通流能力布线原则：安全电压（绝缘、爬电）距离为 1000V/mm。不开窗时，在铜箔厚度 50μm、温升 10℃条件下，PCB 不同线宽所允许的安全电流见表 3.4。

表 3.4　PCB 铜箔的通流能力

导线宽度 /mil	10	20	30	50	100	200
导线电流 /A	1	1.3	1.9	2.6	4.2	7.0

可靠性（抗干扰）原则：线路效应，如地平面、回路、平行线处理。PCB 走线拐角模式的选择需要综合考虑信号完整性、电磁兼容性以及设计规范等因素。45° 拐角是较为推荐的走线方式，因为它在高频信号传输中表现较好，能够减少高频反射和耦合，同时避免了直角拐角带来的寄生电容和电感问题。圆弧拐角是最佳选择之一，尤其适用于高速信号线。它能够进一步减少高频信号的反射和干扰，同时保持美观性。直角拐角应尽量避免使用，因为它会导致较大的信号反射和电磁干扰，影响信号完整性。如果必须使用直角拐角，可以通过将 90° 拐角分解为两个 45° 拐角来改善性能。在实际设计中，应根据具体需求选择合适的拐角模式。例如，对于高速信号线，建议使用 45° 或圆弧拐角；而对于普通信号线，可以根据布线美观性和工艺要求选择适当的拐角模式。在某些情况下，如需要特殊走线模式（如蛇形线），可以通过软件工具调整布线方式以满足特定需求。此外连线需精

简，短、少拐弯、拐弧线或钝角、少过孔。不要用焊盘代替固定孔，不用填充代替表面贴装焊盘。

为了增强 PCB 走线的通流能力，降低回路的寄生电感，降低干扰，可以采用覆铜设计，如图 3.49 所示。从加工角度，一般将面积小于某个单位面积的铜箔称为碎铜，是在加工时，由于刻蚀误差导致的。从电气角度，将没有和任何网络连接的铜箔称为死铜，死铜可能是碎铜，也可能是大面积铜箔。死铜会产生天线效应，影响周围网络信号。

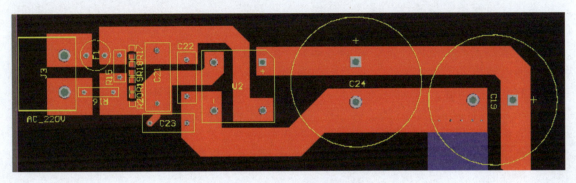

图 3.49　PCB 的覆铜设计

3.4　散热器

在电力电子实践中，有效地管理和降低设备内部的热量对于维持其正常运行和延长使用寿命至关重要。散热器的选择和应用直接关联到设备的热性能，这对于追求高性能、低能耗的电力电子设备尤为重要。

3.4.1　散热器类型

常见的散热器按照散热方式分，有风冷散热器、液冷散热器、相变散热器、半导体制冷散热器，如图 3.50 所示。

图 3.50　常见的散热器

风冷散热器又分为自然冷却散热器和强制风冷散热器。自然冷却散热器依靠空气自然对流和热辐射散热，无需额外动力。常见类型有铝挤散热器、铲齿散热器和热管散热器，其中铝挤散热器通过挤压工艺成型，表面带有鳍片以增大散热面积，成本低，适用于低功率器件（如小功率 MOSFET、二极管）；铲齿散热器通过 CNC 加工或铲齿工艺制成更密集的鳍片，散热效率比铝挤散热器高，常用于中等功率场景（如 LED 驱动电源）；热管散热器利用热管的高导热性将热量快速传递至远端鳍片，适合局部高温但需被动散热的场景（如通信基站电源模块）。强制风冷散热器通过风扇强制空气流动，显著提升散热效率。常见类型有翅片式散热器 + 轴流风扇组合、涡轮离心风扇散热器、热管 + 风扇组合。翅片式散热器 + 轴流风扇组合是强制风冷的典型组合，如 IGBT 模块散热，风扇直接吹向散热鳍片（常见于变频器、伺服驱动器）；涡轮离心风扇散热器用于空间受限场景，如显卡散热，通过高压气流穿透密集鳍片；热管 + 风扇组合将热管与强制风冷结合，解决局部热点问题（如大功率电源模块）。

液冷散热器利用液体（水、油或冷却液）的高比热容快速带走热量。常见类型有水冷板、微通道液冷、浸没式液冷。水冷板在内部设计流道，冷却液流经发热器件表面（如电动汽车的电机控制器）；微通道液冷的流道尺寸在微米级，散热面积极大，用于高功率密度芯片（如 SiC 器件）；浸没式液冷将器件直接浸入绝缘冷却液中（如数据中心电源模块）。

相变散热器利用介质相变（液态→气态）吸收大量热量。常见类型有热管和均温板。热管的内部工质蒸发 – 冷凝循环，快速均热（如 CPU 散热器）；均温板采用二维扩展的热管，适合面热源（如大功率激光器）。

半导体制冷散热器利用佩尔捷效应主动制冷，可降温至环境温度以下。适用于精密温控需求（如光模块激光器），但效率低，在电力电子中较少采用。

此外也有不同散热方式组合的散热系统，如液冷 + 风冷：先通过液冷降低主要热量，剩余热量由风冷辅助散热（如新能源汽车电驱系统）；热管 + 液冷：热管将热量传导至远端液冷板（如服务器电源）。

3.4.2 散热器表面积计算

热的传递方式有传导、对流、辐射，电力电子变换器的散热大多利用热传导。热阻是描述物质热传导特性的一个重要指标。以集成电路为例，热阻是衡量封装将管芯产生的热量传导至 PCB 或周围环境的能力。定义如下：

$$R_{jx} = \frac{T_j - T_x}{P_D} \tag{3.9}$$

式中，T_j 为结温；T_x 为热传导到某目标点位置的温度；P_D 为输入的发热功率。

类比于电阻，电流流过电阻会产生压差，热量流过热阻会产生温差。热阻大，表示热不易传导，因此器件产生的温度就比较高。

电力电子器件的热阻计算，以功率 MOSFET 器件 IRF3710 为例，其数据手册给出了三种热阻，分别是结 – 壳热阻 R_{jc}，即从 PN 结到器件外壳的热阻；壳 – 散热器热阻 R_{cs}，即从外壳到散热器的热阻；结 – 环境热阻 R_{ja}，即从 PN 结到环境的热阻。

先计算不加散热器时，室温下（25℃），该 MOSFET 最高能通过多大的电流而不至于烧坏。手册中给出的器件耐受的最高温度为 175℃，$T_j = T_a + R_{ja}P_D = 25℃ + I^2 R_{dson} R_{ja} = 175℃$，其中 $R_{dson} = 23m\Omega$，为 MOSFET 的导通电阻，$R_{ja} = 62℃/W$，可以计算得到最大电流值为 10.25A，当超过这个值时，MOSFET 就会烧坏，因此必须加散热器。

热阻的串联与并联分析，如图 3.51 所示，在计算散热器表面积之前，抛开复杂的推导，直接给一个热阻串并联的简洁明了的结论。与电阻串并联类似，要自己选定一些参考点，如图 3.51 所示的热路图：a 到 b 的热阻为 R_{ab}，b 到 c 的热阻为 R_{bc}，c 到 d 的热阻为 R_{cd}，a 到 c 的热阻为 R_{ac}。那么 a 到 d 的热阻可以表示为式（3.10）。

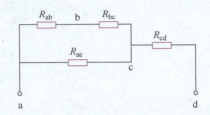

图 3.51 热阻的串并联电路

$$R_{ad} = \frac{(R_{ab} + R_{bc})R_{ac}}{R_{ab} + R_{bc} + R_{ac}} + R_{cd} \qquad (3.10)$$

散热器面积的选择，先设定几个值：环境的最高温度 T_{amax}，PN 结相对于环境温度的最大温升 ΔT_{jmax}，要流过 IRF3710 的最大电流 I_{max}，IRF3710 的导通阻抗 R_{dson}。根据实际要求，赋予这些值具体的数值，$T_{amax} = 60\,℃$、$\Delta T_{jmax} = 40\,℃$（芯片结温不超过 $100\,℃$）、$I_{max} = 20A$、$R_{dson} = 23m\Omega$。根据热阻表中的几个值，可以画出等效热阻图，如图 3.52 所示。

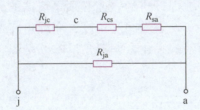

图 3.52 引入散热器后的结 – 环境热阻

总等效热阻 R'_{ja} 为

$$R'_{ja} = \frac{(R_{jc} + R_{cs} + R_{sa})R_{ja}}{R_{jc} + R_{cs} + R_{sa} + R_{ja}} \qquad (3.11)$$

式中，R_{jc}、R_{cs}、R_{ja} 都已知；R_{sa} 为从散热器到空气的热阻。

针对 R_{sa} 有一些经验公式，如一些铝型材的翼片气流方向垂直于水平面，光洁平面，且黑色处理后，有经验公式：

$$R_{sa} = 295A^{-0.7}P^{-0.15} \qquad (3.12)$$

式中，A 为散热器的表面积（cm^2）；P 为流入散热器的功率（W）。

根据 PN 结相对于环境温度的最大温升：

$$\Delta T_{jmax} = R'_{ja}P \qquad (3.13)$$

$$P = I_{max}^2 R_{dson} = 20^2 \times 0.023W = 9.2W \qquad (3.14)$$

将 $\Delta T_{jmax} = 40\,°C$、$P = 9.2W$ 代入式（3.13）中得到 $R'_{ja} = 4.35\,°C/W$，再根据 $R_{jc} = 0.75\,°C/W$、$R_{cs} = 0.5\,°C/W$、$R_{ja} = 62\,°C/W$ 和式（3.11）、式（3.12），求得 $R_{sa} = 3.43\,°C/W$，从而解得散热器面积 $A = 368cm^2$。

3.5 手工焊接

随着电子元器件的封装更新换代加快，直插式替换为贴片式，连接排线替换为 FPC 软板，器件封装已向小型化、微型化发展，手工焊接难度也随之增加，有必要了解焊接原理、焊接过程和焊接方法。

3.5.1 焊接工艺

焊接工艺是指利用比被焊金属熔点低的焊料，与被焊金属一同加热，在被焊金属不熔化的条件下，焊料润湿金属表面，并在接触面形成合金层，从而达到牢固连接的过程。

一个焊点的形成要经过三个阶段：润湿、扩散、焊点形成。其中，润湿是最重要的阶段，没有润湿，焊接就无法进行。

在润湿方面，已经熔化了的焊料借助毛细管力沿着被焊金属表面细微的凹凸和结晶的间隙向四周漫流，从而形成附着层，使焊料与金属的原子相互接近，达到原子引力起作用的距离。润湿的环境条件是，被焊母材的表面必须是清洁的，不能有氧化物或污染物。不同的润湿效果，如图 3.53 所示，θ 表示润湿角度，润湿角度是指金属表面和熔融焊料表面在其交点处的切线与金属表面间的夹角。润湿角反映的是焊料与焊接面熔合处所呈现的润湿和附着性。

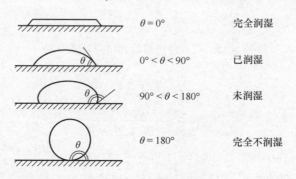

图 3.53 不同润湿的表征

在扩散方面，伴随着润湿的进行，焊料与母材金属原子间的相互扩散现象开始发生。通常原子在晶格点阵中处于热振动状态，一旦温度升高，原子活动加剧，使熔化的焊料与母材中的原子相互越过接触面进入对方的晶格点阵，原子的移动速度与数量取决于加热的温度与时间。

焊点的形成过程中，由于焊料与母材相互扩散，在两种金属之间形成了一个中间层——金属化合物。要获得良好的焊点，被焊母材与焊料之间必须形成金属化合物，从而使母材达到牢固的冶金结合状态（合金化）。

3.5.2   焊接工具及使用

助焊剂是一种具有化学及物理活性的物质，能够除去被焊金属表面的氧化物或其他形成的表面膜层以及焊锡本身外表上所形成的氧化物，达到被焊表面能够沾锡及焊牢的目的，常见的助焊剂如图 3.54 所示。助焊剂还可以保护金属表面，使其在焊接的高温环境中不再被氧化，并减少熔锡的表面张力，促进焊锡的分散和流动等。

图 3.54   常见的助焊剂

焊锡丝（见图 3.55）按成分不同可分为有铅焊锡丝和无铅焊锡丝。有铅焊锡丝：63% 锡，37% 铅；无铅焊锡丝：96.5% 锡，3.0% 银，0.5% 铜。有铅焊锡丝的焊接温度为 260℃ ±15℃，无铅焊锡丝的焊接温度为 330℃ ±20℃。常用焊锡丝的直径为 0.6mm、0.7mm、0.8mm。

图 3.55   常见的焊锡丝

电烙铁的结构由发热元件、烙铁头、手柄、电源线、温控模块和支架组成，常见的电烙铁及烙铁头如图 3.56 所示。按温度控制分为普通电烙铁、恒温电烙铁、数显调温电烙铁，普通电烙铁无温控功能，温度随功率和环境变化，适用于简单维修、低精度焊接；恒温电烙铁通过热电偶反馈 +PID 算法动态调节功率，保持设定温度，适用于精密电子焊接、BGA 返修；数显调温电烙铁带数字显示屏，可精确设定温度，适用于实验室、小批量生产。实际使用中应根据焊接需求选择功率（通常 20～60W），配备合适烙铁头（尖头、刀头等）。烙铁头的形状和材质直接影响焊接效率和质量，常见类型有尖头（圆锥形）、刀头（凿形）、马蹄头（斜面）、弯头（J 形）。尖头尖端细小，适合高精度焊接，如 0402 贴片元件、密集引脚芯片。刀头扁平宽面，传热面积大，适用于多引脚拖焊（如 QFP）。马蹄头斜面设计，兼顾传热效率与精度，适用于通孔元件、导线焊接。弯头的弯曲角度便于特殊位置操作，如狭窄空间焊接（如 PCB 边缘）。

图 3.56　常见的电烙铁及烙铁头

电烙铁的握法有三种，如图 3.57 所示。反握法动作稳定，长时间操作不易疲劳，适合于大功率电烙铁的操作。正握法适合于中等功率电烙铁或带弯头电烙铁的操作。一般在工作台上焊 PCB 等焊件时，多采用握笔法。

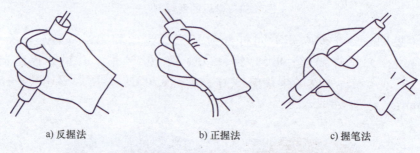

a) 反握法　　　　　　　　b) 正握法　　　　　　　　c) 握笔法

图 3.57　电烙铁的操作方法

焊锡丝的基本拿法有两种，如图 3.58 所示。一般左手拿焊锡丝，右手拿电烙铁。

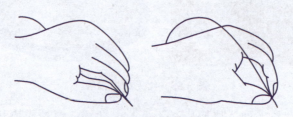

图 3.58　焊锡丝的基本拿法

电烙铁的使用温度与选择电烙铁的功率和类型有关，一般根据焊件大小与性质而定，见表 3.5。

表 3.5　电烙铁的使用温度

焊件及工作性质	烙铁头温度 /℃
一般 PCB，安装导线	300 ~ 400
集成电路	
2 ~ 8W 电阻，大电解电容	350 ~ 450
8W 以上大电阻，直径 2mm 以上大元器件	400 ~ 550
汇流排、金属板、地	500 ~ 630

使用电烙铁焊接时，首先要在烙铁头表面挂有一层焊锡，然后用烙铁头的斜面加热待焊工件，同时应尽量使烙铁头同时接触 PCB 上的焊盘和元器件引线。

烙铁头清洗时，海绵水分要适量，烙铁头接触的瞬间，水会沸腾波动达到清洗的目的。清洗时，海绵孔及边都可以清洗烙铁头，要轻轻地均匀擦动。海绵浸湿的方法是，泡在水里清洗，轻轻挤压海绵，可挤出 3 ~ 4 滴水珠为宜。海绵水分若过多，烙铁头会急速冷却导致电气镀金层脱离，并且锡珠不易除掉。海绵清洗时若无水，烙铁头会熔化海绵，诱发焊锡不良。

每次在焊接开始前都要清洗烙铁头并且预热，焊接结束后烙铁头必须均匀留有余锡，这些锡会耗散一部分热量并且保证烙铁头不被空气氧化，有助于延长烙铁头寿命。不留余锡而把电源关掉时，温度慢慢下降，会发生热氧化，降低烙铁头寿命。

在使用前或更换烙铁头时，必须检查电源线与地线的接头是否正确。尽可能使用三芯的电源插头，接地线要正确地接在电烙铁的壳体上。使用电烙铁过程中，烙铁线不要被烫破，应随时检查电烙铁的插头、电线，发现破损老化应及时更换。使用电烙铁的过程中，一定要轻拿轻放，不能用电烙铁敲击被焊工件；烙铁头上多余的焊锡不要随便乱甩。不焊接时，应将电烙铁放到烙铁架上，以免灼热的电烙铁烫伤自己或他人；若长时间不使用，应切断电源，防止烙铁头氧化。使用合金烙铁头，切忌用锉刀修整。操作者头部与烙铁头之间应保持 30cm 以上的距离，以避免过多的有害物质（铅，助焊剂加热挥发出的化学物质）被人体吸入。

3.5.3　手工焊接步骤

手工焊接适用于电子产品的试制、小批量生产、调试与维修以及某些不适合自动焊接的场合。

手工焊接的步骤主要有以下几步：

1）准备施焊：准备好焊锡丝和电烙铁。此时特别强调的是烙铁头要保持干净，即可以沾上焊锡（俗称吃锡）。

2）加热焊件：根据焊接的元器件选择最适合的温度加热，将电烙铁接触焊接点，注意首先要保持电烙铁加热焊件各部分，例如 PCB 上引线和焊盘都使之受热，其次要注意让烙铁头的扁平部分（较大部分）接触热容量较大的焊件，烙铁头的侧面或边缘部分接触热容量较小的焊件，以保持焊件均匀受热。

3）熔化焊料：当焊件加热到能熔化焊料的温度后（1 ~ 2s），将焊锡丝置于焊点上，焊料开始熔化并润湿焊点。

4）移开焊锡：根据焊锡部位大小判断焊锡供应量，当熔化一定量的焊锡后将焊锡丝移开。

5）移开电烙铁：当焊锡完全润湿焊点后移开电烙铁，注意移开电烙铁的方向应该是大致 45° 的方向，须确认焊锡扩散状态。

手工焊接的要点是，保证正确的焊接姿势，熟练掌握焊接的基本操作步骤，掌握手工焊接的基本要领。

合格的焊点要满足三个条件：有足够的机械强度、焊接可靠、焊点表面整齐美观。足够的机械强度可以保证被焊件在受到振动或冲击时不会脱落、松动。焊接可靠，保证焊点具有良好的导电性能，防止出现虚焊。焊点的外观应光滑、圆润、清洁、均匀、对称、整齐、美观、充满整个焊盘，并与焊盘大小比例合适。合格的手工焊焊点如图 3.59 所示。错误的焊接方法，如图 3.60 所示，应该避免。

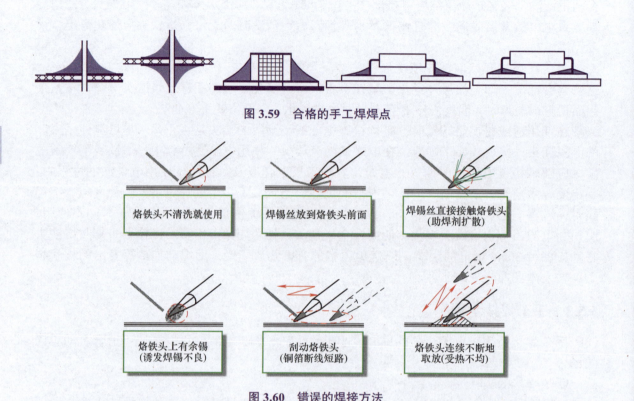

图 3.59　合格的手工焊焊点

图 3.60　错误的焊接方法

焊点的常见缺陷包括虚焊、拉尖等，如图 3.61 所示。焊接面氧化或有杂质、焊锡质量差、焊剂性能不好或用量不当、焊接温度不当、焊锡尚未凝固时被焊元器件移动等，导致虚焊（假焊）。烙铁头离开的方向不对、速度太慢、焊料质量差、温度低等原因容易导致焊点表面尖角、毛刺，也称为拉尖。拉尖不美观，易造成桥接、尖端放电。

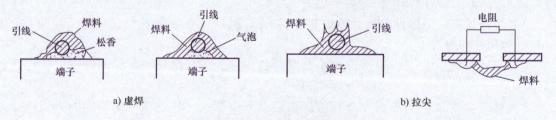

图 3.61　常见的焊接缺陷

一般元器件的焊接方法是焊盘和被焊元器件同时加热，且同时大面积受热，烙铁头和焊锡投入及取出角度如图 3.62 所示。加热方法、加热时间、焊锡投入方法控制不好，以及引脚脏污，会发生不良焊接。

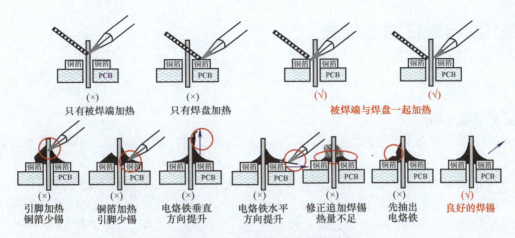

图 3.62　良好焊接与不良焊接对比

贴片型封装元器件焊接方法，如图 3.63 所示。贴片元器件应在焊盘上焊锡，电烙铁不直接接触元器件，应在焊盘上加热。

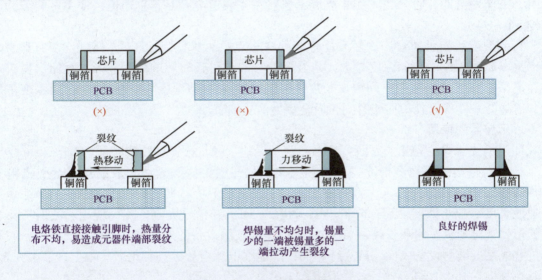

图 3.63　贴片元器件焊接方法

芯片类器件焊接方法，如图 3.64 所示。首先进行芯片对角线定位，不定位不可以焊锡，不然会偏位；然后再拉动焊锡，烙铁头需选用刀尖形，必要时加少量助焊剂。

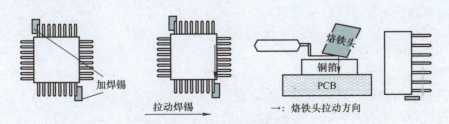

图 3.64　芯片类器件的焊接方法

3.6 常用测试测量仪表

3.6.1 示波器

1. 示波器参数

示波器的三大参数包括带宽、采样率和存储深度，这些参数直接影响示波器的性能和测量能力。

带宽是指输入信号衰减 3dB 时的最低频率，决定了示波器能够准确测量的信号频率范围。带宽不足会导致高频信号分量丢失，波形失真（如方波边沿变圆）。对于数字应用，带宽应至少为设计时钟速率的 5 倍；对于模拟应用，带宽应至少为设计最高模拟频率的 3 倍。

采样率是指每秒采集的样本数（单位为 Sa/s，如 1GSa/s 表示每秒 10 亿次采样）。根据奈奎斯特采样定理，采样率需至少为信号最高频率的 2 倍。实际应用中需更高（通常 5 倍以上），以减少混叠误差。高采样率可捕获更快的瞬态事件（如短脉冲或抖动）。多通道使用时，采样率可能分时复用（如 4 通道示波器在 4 通道全开时，单通道采样率可能降为总采样率的 1/4）。

存储深度是指示波器一次触发能存储的样本点数（单位为 pts，如 1Mpts），通常为采样率乘以时间深度。存储深度越大，示波器能够捕获更长时间的信号波形。存储深度决定了在高采样率下能捕获的时间窗口长度（时间窗口 = 存储深度 / 采样率）。存储深度不足时，需降低采样率以延长捕获时间，但会牺牲信号细节。

2. 示波器的使用

使用示波器要注意几个方面：最小回路、接地、触发设置和纹波测量。

最小回路指的是在测量高频或快速变化的信号时，探头地线形成的环路会引入电感（地线越长，电感越大），导致信号振铃、过冲或噪声干扰。在使用过程中，应尽量缩短探头地线长度，减小回路面积，降低电磁干扰（EMI）和信号失真。优先使用示波器探头自带的短弹簧接地夹（而非长鳄鱼夹），直接连接至被测设备的地。若必须使用长地线，应将其折叠或贴近被测设备表面，减小环路面积。地线电感会导致高频信号（如上升沿）失真，尤其在测量 >100MHz 信号时需特别注意。

示波器的接地包括示波器电源接地和被测设备接地两个方面的内容。示波器的电源插头必须接入带有保护地的三孔插座，确保机壳接地，防止触电风险。禁止断开示波器的保护地线（例如用两孔转接头），否则可能导致机壳带电。若被测设备与示波器共地（如通过探头地线连接），需确保两者地电位一致，避免形成地环路。地环路会引入工频噪声（50/60Hz）或高频干扰。可以使用隔离变压器为被测设备供电，隔离示波器与被测设备的电源地。也可以使用差分探头测量浮地信号，避免直接接地。同时使用多个探头时要确保所有探头的地线接在同一位置。

示波器的触发功能用于稳定显示周期性信号或捕获特定事件（如脉冲、毛刺等）。常见触发类型有边沿触发、脉宽触发、视频触发。边沿触发最常用，根据信号上升沿或下降沿触发。设置边沿触发时，触发电平设置在信号幅度的 20% ~ 80% 范围内，选择触发边沿（上升沿 / 下降沿）。触发电平设置不当可能导致波形抖动，需微调电平位置。脉宽触发可以捕获特定宽度的脉冲（如滤除短时毛刺），例如设置触发条件为"脉宽 > 10ns"，以排除高频噪声。视频触发用于同步复合视频信号的行或场信号。触发模式有自动、正常、单次。自动（Auto）触发是无触发时自动刷新，适合观察未知信号；正常（Normal）触发仅在满足触发条件时更新波形，适合捕捉偶发事件；单次（Single）触发是触发一次后停止，用于捕获瞬态信号。对于高频信号，启用触发高频抑制功能，减少噪声误触发。

纹波测量是为了精确测量直流电源输出端的交流噪声（如开关电源的开关纹波）。示波器设置如下：首先设置通道耦合为交流耦合，滤除直流分量；启用 20MHz 带宽限制（抑制高频噪声）；垂直灵敏度调整至合适量程（如 10mV/div）；时基设置为 1 ~ 10ms/div，观察完整周期的纹波；使用 1∶1 探头（避免 10∶1 探头衰减小信号），用弹簧夹就近连接至电源输出地；关闭其他通道，避免交叉干扰，使用接地环（或铜箔）包裹探头尖端，减少空间辐射噪声；使用"峰峰值（Vpp）"测量纹波幅值，启用 FFT（快速傅里叶变换）功能分析纹波频谱（定位噪声频率来源）。

3.6.2　测试探头

电路的测试探头主要有电压探头和电流探头，电压探头测量电压信号，电流探头测量电流信号。

常用的电压探头有无源探头和有源差分探头，如图 3.65 所示。无源探头仅由电阻、电容等无源元件组成，无需外部供电。常见类型有 1∶1 无衰减探头和 10∶1 衰减探头。无衰减探头信号直通示波器，带宽较低（通常 < 10MHz），衰减探头通过内部电阻分压（如 9MΩ + 1MΩ），信号衰减 10 倍。差分探头可以同时测量两个点的电压差，抑制共模噪声。共模抑制比（CMRR）高（如 60dB 以上），适合浮地系统或差分信号测量，带宽范围广（50MHz 至数吉赫兹），输入电压范围较大（± 数百伏至数千伏）。

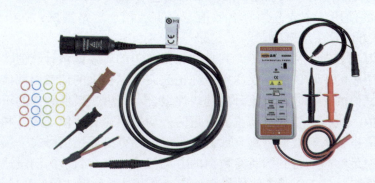

图 3.65　常见的电压探头

常用的电流探头有霍尔探头和罗氏线圈，如图 3.66 所示。霍尔探头是利用霍尔元件检测电流产生的磁场强度，输出电压信号，支持交直流测量。可测量直流、交流及瞬态电流，典型带宽为直流至 1MHz（高端型号可达数兆赫兹），通常由示波器或电池供电，覆盖毫安级至千安级电流。适用于开关电源的直流电流纹波测量，电机驱动系统的电流波形（含直流分量）测量，电动汽车电池充放电电流监控。但需定期"消磁"以消除剩磁误差，高温可能影响霍尔元件精度。罗氏线圈是将柔性线圈绕制在非磁性骨架上，通过积分电路将感应电动势转换为电流信号。只能测量交流信号，无法测量直流信号，带宽极高，可达数十兆赫兹，适合高频瞬态电流（如雷击、电快速瞬变脉冲），无需断开电路，直接套在导线上，量程宽，可测数安培至数千安培。常用于高频开关器件（如 IGBT、SiC MOSFET）的电流尖峰捕捉，电磁兼容（EMC）测试中的瞬态电流分析。低频信号（＜ 1kHz）测量精度较低。

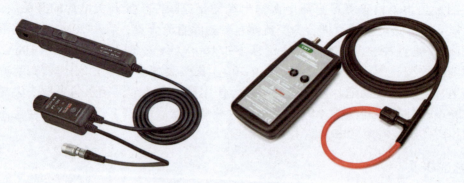

图 3.66　常用的电流探头

3.6.3　万用表

　　万用表一种便携式电子测量工具，可精准测量电压（交流／直流）、电流、电阻等基础电学参数，并集成通断测试、二极管检测、电容测量、频率计数等功能，广泛应用于实验室、生产线和日常场景。

　　万用表的参数主要有测量范围、分辨率、准确度等。分辨率越高，测量精度越高，准确度表示测量值与真实值的一致程度，准确度等级包括 1.0、2.5、5.0 等。

　　针对万用表的使用，主要介绍真有效值、交直流档、短路测试、二极管测试及判断IGBT 好坏的测试方法及注意事项。

　　真有效值是万用表对交流信号（尤其是非正弦波）的等效能量计算值，能准确反映实际功率。普通万用表的平均值测量仅适用于纯正弦波。工程上的任意周期信号均可分解为不同频率、不同幅值的正弦波及直流分量的线性组合。其中，最低频率的正弦波的方均根值就是基波有效值。所有正弦分量及直流分量的方均根值（有效值）的方和根就是全波有效值。全波有效值也称真有效值。真有效值更简单的计算是原始信号在一个周期内的等间隔采样（采样频率足够高）得到的所有数据的方均根值。真有效值的测量适用于测量变频器输出、开关电源波形、LED 调光信号等非正弦交流电，避免因波形畸变导致的测量误差。测量方法为：选择交流电压（AC V）或交流电流（AC A）档位，确认万用表支持 True RMS 功能（通常表盘或屏幕标注），直接测量信号，读数即为真有效值。注意，高频信号需确保万用表带宽足够，非真有效值万用表测量复杂波形时结果不可靠。

　　万用表区分交流（AC）和直流（DC）信号的测量模式，需手动或自动切换，测直流电压／电流选择 DC V 或 DC A 档（如电池、稳压电源），测交流电压／电流选择 AC V 或AC A 档（如市电、变压器输出）。注意，误用 AC 档测直流信号可能导致读数接近零，测量高压交流电时，确保万用表安全等级达标（如 CAT Ⅲ 600V）。

短路测试也称通断测试，是测量两点之间的阻值小于一定的阈值时，通过蜂鸣器提示电路导通，蜂鸣器响则电路导通（短路或低阻通路），无响声则电路断开或高阻状态。常用于检查导线断裂、焊点虚焊、熔丝熔断，验证 PCB 走线连通性。注意，禁止在带电电路中操作，以免损坏万用表，测量前确保电容已放电，避免误判。

二极管测试是通过输出固定电流（1mA），测量二极管正向压降（硅管 0.5 ~ 0.7V，锗管 0.2 ~ 0.3V）。测试方法为：选择二极管档，红表笔接二极管阳极，黑表笔接阴极，正常显示正向压降值，反接显示 "OL"（超量程，表示反向截止）。若正反向均导通（接近 0V）或均不导通（OL），则二极管损坏。测 LED，正常导通时会微亮，测晶体管 /IGBT 的 PN 结，判断基极 – 发射极或集电极 – 发射极是否正常。

判断 IGBT 好坏的测试步骤有静态测试和动态测试。静态测试需测试栅极（G）与发射极（E）、集电极（C）与发射极（E）。测试栅极与发射极时，二极管档测栅极 – 发射极正反向电阻，正常应为高阻（OL），若导通，说明栅极击穿。测试集电极与发射极时，红表笔接集电极，黑表笔接发射极，显示高阻（OL），反接仍为高阻（OL），若导通，说明 IGBT 短路。动态测试需给 IGBT 栅极加正向电压，测集电极 – 发射极导通，万用表切至二极管档，红表笔接集电极，黑表笔接发射极，显示 0.3 ~ 0.7V（正常导通），移除栅极电压后，集电极 – 发射极应恢复高阻（OL）。如果无法导通或无法关断，说明 IGBT 损坏。

3.7　本章小结

本章通过分析接插件、常用电子元器件、PCB 及常用测量测试设备的基本特性和使用方法，为后续的创新实践打下坚实基础。接插件作为电路连接的重要组成部分，其选择和使用直接影响电路的稳定性和可靠性。常用电子元器件如电阻、电容、二极管和晶体管等，是电路设计的基础，需掌握其识别、测试和安装方法。手工焊接工艺是电子制作中的关键技能之一。需掌握焊接温度、时间和焊锡量的控制技巧，以确保焊点饱满、无虚焊、无裂纹等质量要求。此外，散热器的设计与选型也是电子制作中的重要环节。散热器的选择需考虑功率器件的热量分布和散热效率。通过实践操作，可以逐步掌握电子元器件的使用方法、焊接技巧以及 PCB 的设计。本章内容不仅涵盖了电子制作的基础知识和技能，还通过理论与实践相结合的方式，从零基础逐步过渡到能够独立完成电子制作任务的水平。这为后续开展创新实践提供了坚实的技术支持和理论基础。

第4章 反激式开关电源的创新实践

面向数据中心、5G 基站的未来持续供电需求，本章剖析了 48V/120W 开关电源的设计选型方法，同时介绍了反激式开关变换器的基本工作原理、设计制作方法和测试验证方法。

4.1 设计目标

设计制作一款 48V/120W 通信开关电源，详细的规格参数见表 4.1。

表 4.1 通信电源产品的规格参数

输入电压	交流 220V
输出电压	直流 48V
额定功率	120W
输入电压范围	交流 180 ~ 260V
输出电压纹波	150mV$_{pp}$
稳态电压精度	5%
线性调整率	10%
负载调整率	10%
效率	≥ 70%
过电压、过电流保护	110% ~ 150%，切断输出，自动恢复

除了以上技术性指标之外，设计制作过程中还应该考虑安全可靠性（安规措施、电磁兼容等）、经济性（成本）、轻便性（体积、重量等）、显示性（指示灯、液晶等）、美观性（布线、焊接等）等。

发挥部分：鼓励自由创新，绕制隔离变压器，设计制作 PCB，采用软开关电路，甚至用反激式以外的其他电路等。

4.2 设计工具

开关电源的设计工作可以借助设计工具完成，下面介绍常用的三种电源设计工具，TI 公司的 WEBENCH 软件、PowerELab 公司的 PowerEsim 软件和 PI 公司的 PI Expert Suite 软件。

4.2.1 WEBENCH

WEBENCH 是 TI 公司的在线电源设计工具，经过改良设计后具有更强大的功能，而且使用非常简便。由于该软件是 TI 公司官方的软件，设计的方案都是以 TI IC 为模型的。该在线工具不仅支持 DC-DC 方案，还支持 AC-DC 方案。

针对表 4.1 所示的设计目标，48V/120W 通信电源的设计结果如图 4.1 所示。优化设计的电路选型为反激式变换器，所选用的功率器件为 800V、2.5A 的 MOSFET 器件，电源的核心控制芯片为 TI 公司的 UCC28710 器件，内部集成隔离、补偿和驱动功能。

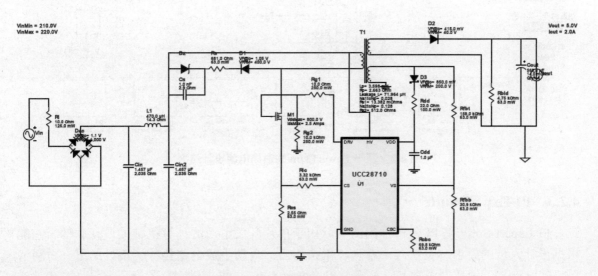

图 4.1　基于 WEBENCH 的通信电源设计结果

4.2.2 PowerEsim

PowerEsim 是 PowerELab 公司的在线开关电源（SMPS）和变压器设计的电子电路仿真软件。它可以在元器件和电路级进行损耗分析、板温模拟、设计验证、故障率分析并生成相关报告。

针对表 4.1 所示设计目标，采用 PowerEsim 软件，设计开关电源的电路拓扑和基本参数，结果如图 4.2 所示。虽然优化选型的电路仍然为反激式变换器，但是电路元器件的选型缺少与工业产品的映射，无法生成原材料采购清单。PowerEsim 软件不但能给出多种优化的电路选型方案，而且还能给出核心元器件的关键仿真波形，为元器件的选择提供依据。

此外，该软件还能提供电路的蒙特卡罗模拟结果，估计电路的可靠性指标，包括故障率、平均故障间隔时间、寿命。

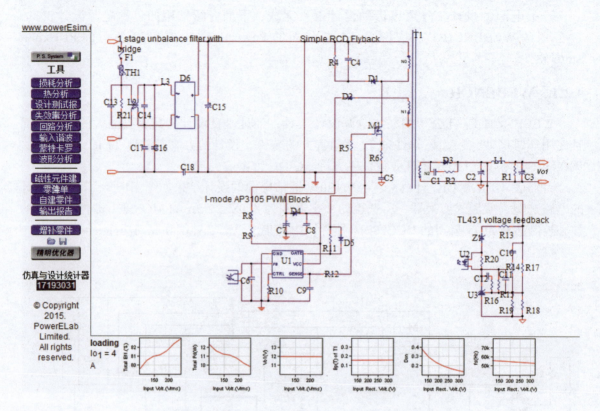

图 4.2　基于 PowerEsim 的通信电源设计结果

4.2.3　PI Expert Suite

PI Expert Suite 是 PI 公司推出的一款用于单片开关电源的计算机辅助设计软件。它能根据设计人员的要求，在输入一系列技术指标后，自动生成电路拓扑、设计结果、材料清单、PCB 布局、变压器参数和结构等。PI Expert Suite 还可提供完整的变压器设计，包括磁心尺寸、线圈匝数、适当的线材规格以及每个绕组所用的并绕线数。

隔离变压器和功率器件的设计是开关电源实践成败的关键因素。WEBENCH 和 PowerEsim 软件对变压器设计结果不够友好，对于变压器的绕制缺乏指导。此外，这两个软件所设计电路的元器件较多，缺乏集成，会增加创新实践的难度和失败的风险。因此，可以采用 PI 公司的 PI Expert Suite 软件，加快设计效率，一键生成物料清单。针对表 4.1 所示的电源规格，PI Expert Suite 软件的设计结果如图 4.3 所示。设计结果采用 KBL06 整流器模块、TOP259EN 功率模块，集成化程度高，便于实践制作，同时，还给出了隔离变压器的设计结果和绕制工艺，包括一二次绕组匝数、线径、一二次绕组包覆方法等，如图 4.4 所示。

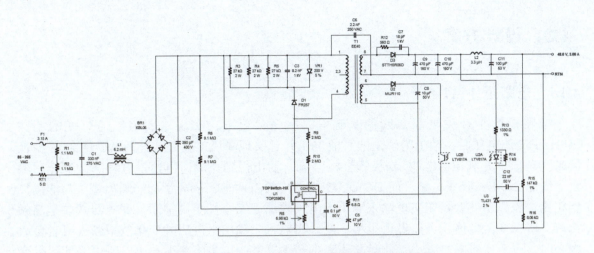

图 4.3　基于 PI Expert Suite 的通信电源设计结果

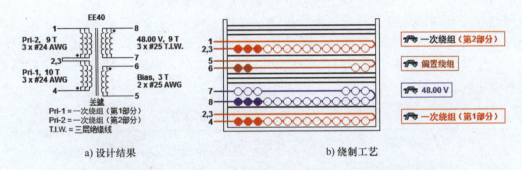

a) 设计结果　　　　　　　　　　　　　　　　b) 绕制工艺

图 4.4　基于 PI Expert Suite 的隔离变压器设计结果和绕制工艺

基于 PI Expert Suite 软件，还能给出 PCB 的参考布局，如图 4.5 所示。

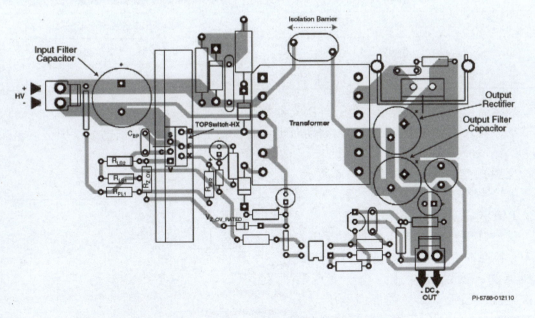

图 4.5　基于 PI Expert Suite 的推荐 PCB 布局结果

4.3 设计方案

4.3.1 电路拓扑设计

电路设计是开关电源实践的基础。根据任务要求，实现输入为幅值可变的工频（50Hz）交流电压时，输出为恒定的直流电压并且实现降压，故需要选择 AC-DC-DC 变换器来实现。首先利用 AC-DC 二极管全桥整流，输出得到直流，再通过电容滤波稳压后输入下级的 DC-DC 降压电路。而 DC-DC 变换器主要有两种：隔离型和非隔离型。与非隔离型相比，隔离型变换器能实现输入输出的电气隔离，安全性更高，而且变压器两端是高频交流，所以变压器体积可以做得很小。此外当输入、输出电压比的变化范围较大或者负载减小时，占空比将随之减小，此时非隔离型开关器件的应力将变得很大，所以需使用带变压器的隔离型 DC-DC 变换器。因此在本设计中采用隔离型变换器。

隔离型变压器的主要拓扑有正激、反激、半桥、全桥等，在开关电源市场中，400W以下的电源占了市场的 70% ~ 80%，而其中反激式电源又占大部分，常见消费类产品的电源几乎全是反激式的。由于要求的功率在 100 ~ 150W 之间，根据表 4.2 选取主电路结构为反激式拓扑。

表 4.2 功率等级与电路拓扑的关系

功率等级	可选拓扑
≤ 10W	RCC（自激振荡）
10 ~ 100W	反激
100 ~ 300W	正激、双管反激、准谐振
300 ~ 500W	准谐振、双管反激、半桥
500 ~ 2000W	双管反激、半桥、全桥
≥ 2000W	全桥

反激式电路的优点是成本低，外围元器件少，能耗低，适用于宽电压范围输入，可多组输出，输入电压在很大的范围内波动时仍可有较稳定的输出，目前已可实现交流输入在 85 ~ 265V 之间。

反激式变换器的拓扑如图 4.6 所示，主要由功率 MOS 管、高频变压器、无源钳位 RCD 电路及输出整流电路组成。

反激式变换器的工作原理是当开关管 VT 导通时，输入电压便施加到高频变压器的一次绕组 N_1 上，由于变压器二次整流二极管 VD_2 承受反向电压，二次绕组 N_2 没有电流流过；当开关管 VT

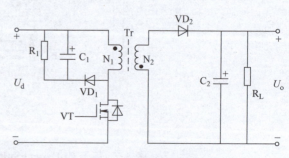

图 4.6 反激式变换器拓扑

关断时，二次绕组 N_2 上电压极性是上正下负，整流二极管 VD_2 正偏导通，开关管 VT 导通期间存储在变压器中的能量便通过整流二极管 VD_2 向输出负载释放。反激式变换器在开关管导通期间只存储能量，在开关管关断期间才向负载传递能量，因为能量是单方向传递的，所以称为单端变换器。高频变压器在工作过程中既是变压器，又相当于一个储能电感。变压器一次侧的 RCD 无源钳位电路的作用是减小变压器漏感尖峰电压，保护开关管。

DC-DC 变换器都存在两种工作模式，即连续导电模式（CCM）和断续导电模式（DCM）。CCM 下，电感电流不会为 0，在开关管关断时，电感自身放电还未结束，下一个开关周期就来到，开关管导通，电感电流上升。而 DCM 下，在下一个开关周期还没有来到之前，电感能量已经释放完毕，电感电流下降为 0，所以 DCM 下的电感电流要持续一段时间为 0。反激式变换器同样存在这两种工作模式，若一次电感在第二阶段，也就是开关管关断的阶段放电完毕，则变换器就处于 DCM 下，否则处于 CCM 下，如图 4.7 所示。一般来说，若变换器处于 DCM 下，占空比会变小，但输出纹波会进一步增大。造成 DCM 工作情况的原因有以下几点：

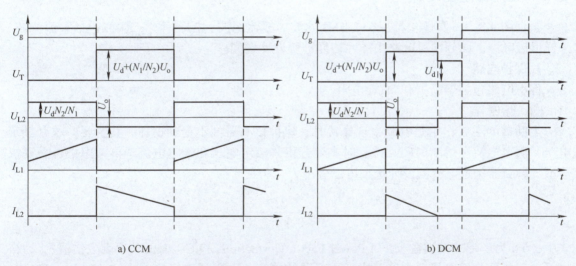

a) CCM　　　　　　　　　　　　　　　　　b) DCM

图 4.7　反激式变换器工作波形

1）负载比较轻，负载电流过小。

2）储能电感设计得比较小。

3）占空比较小。

采用基于 PI Expert Suite 进行设计，根据设计要求，设计出来的主电路如图 4.8 所示。系统主要包括输入保护电路、EMI 滤波电路、输入整流滤波电路、变换器（内含功率开关管、RCD 缓冲吸收回路、高频变压器）、输出滤波电路、采样反馈控制电路等。系统输入交流电压为 220V，通过 EMI 滤波电路滤除来自电网噪声和自身噪声的干扰，经过桥式整流滤波电路后，电压变成约为 310V 的直流电，再经过反激式变换器的电压转换与整流滤波器的整流滤波，可以输出直流电压。

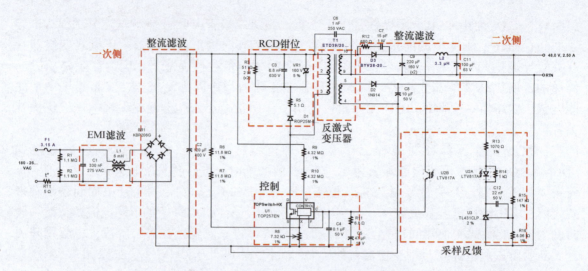

图 4.8　基于 PI Expert Suite 设计的电路

4.3.2　元器件选型设计

根据图 4.8，一次侧包括保护、EMI 滤波、整流滤波、控制等，二次侧包括整流滤波、采样反馈等。下面分别对电路中的元器件进行设计选型。

1. 保护电路

保护电路包括熔断器和 NTC 电阻。

（1）熔断器

熔断器的主要作用是电源出现异常时，保护核心器件不受到损坏。其主要参数有额定电压、额定电流和熔断时间。选型时主要分析其额定电压和额定电流，再考虑是否需要快熔型。熔断器额定电流的设计选型可以表示为

$$I_{\mathrm{F}} = \frac{2P_{\mathrm{o}}}{0.6\eta V_{\mathrm{inmin}}} \qquad (4.1)$$

式中，0.6 为不带功率因数校正（Power Factor Correction，PFC）时的功率因数估值；2 为裕量系数，此处为经验值，在实际中，熔断器的取值范围是理论值的 1.5 ~ 3 倍；$P_{\mathrm{o}} = 120\mathrm{W}$，为输出功率；$\eta$ 为效率（取设计评估值 0.7）；$V_{\mathrm{inmin}} = 180\mathrm{V}$，为最小输入电压。将数据代入式中可得电流为 3.17A。

实际选择的熔断器的参数为 3.15A/AC 250V 玻璃管熔丝。

（2）NTC 电阻

NTC 电阻是以氧化锰等为原料制造的精细半导体电子陶瓷元件。电阻值随温度升高而降低，且呈现非线性变化。利用这一特性，在电路的输入端串联一个 NTC 热敏电阻增加电路的阻抗，这样可以有效地抑制电路开机时产生的浪涌电压和形成的浪涌电流。当电路进入稳态工作时，由于电路中的持续工作电流引起 NTC 电阻发热，使得 NTC 电阻的电阻值变得很小，对电路的影响可以完全忽略。

热敏电阻选择依据：①电阻的最大工作电流大于回路工作电流；②$R > 1.414 V_{\mathrm{inmax}}/I_{\mathrm{m}}$，

I_m 为最大浪涌电流，通常取额定电流的 100 倍。本设计中选取阻抗值为 5Ω、额定电流 2.8A 的热敏电阻。

2. EMI 滤波电路

电源线是干扰传入设备和传出设备的主要途径。通过电源线，电网的干扰可以传入设备，干扰设备的正常工作，同样设备产生的干扰也可能通过电源线传到电网上，干扰其他设备的正常工作，必须在设备的电源进线处加入 EMI 滤波电路。EMI 滤波电路主要包括安规电容和共模扼流圈，如图 4.9 所示。

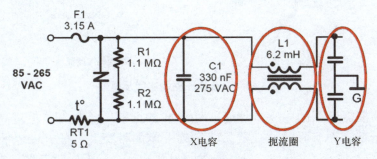

图 4.9　EMI 滤波电路

（1）安规电容

安规电容分为 X 电容和 Y 电容。X 电容是指跨接在相线和零线之间的电容，Y 电容是指跨接在相线和地线或者零线和地线之间的电容，一般是成对出现的。

X 电容多选用耐纹波电流较大的聚酯薄膜类电容。这类电容的体积较大，但其允许的瞬间充放电电流也很大，内阻相应较小。容值选取 μF 级，此时必须在 X 电容的两端并联一个安全电阻，用于防止电源线拔掉时，电源线插头长时间带电。

X 电容主要用来抑制差模干扰（相线与零线之间，大小相等，相位相差 180°）。X 电容没有具体的计算公式，前期选择都是依据经验值，后期在实际测试中，根据测试结果做适当调整。根据经验，若为单级 EMI 滤波，则选择 0.47μF 或 0.33μF 电容（电容的容值大小与电源功率等级没有直接关系）。

Y 电容并接在相线和地线或者零线和地线之间，必须符合相关安全标准，以防引起电子设备漏电或机壳带电，危及人身安全。Y 电容属于安全电容，从而要求容值不能偏大，而耐压必须较高。Y 电容的存在使得开关电源有一项漏电流的电性能指标。工作在亚热带的机器，要求对地漏电流不能超过 0.7mA；工作在温带的机器，要求对地漏电流不能超过 0.35mA。因此，由于漏电流的存在，Y 电容不能太大，总容值一般不超过 4700pF。

Y 电容主要用于抑制共模干扰（相线和地线或者零线和地线之间，大小相等，相位相同）。Y 电容常采用高压瓷片，容值一般是 nF 级，GJB 151B—2013 中规定 Y 电容应小于 0.1μF。Y 电容除符合相应的电网电压耐压要求外，还要求在电气和机械性能方面具有足够的安全裕量，避免在极端恶劣环境下出现击穿短路现象。

（2）共模扼流圈

共模扼流圈是由匝数和相位都相同，但绕制方向相反的两个共模电感线圈绕在同一铁心上构成的。正常电流（差模电流）在同相位绕制的电感线圈中会产生反向的磁场而相互抵消，因此扼流圈不影响正常信号电流；共模电流经过共模扼流圈时会在线圈内产生同向的磁场而增大线圈的感抗，使线圈表现为高阻抗，产生较强的阻尼效果，以此衰减共模电流，抑制高速信号线产生的电磁波向外发射，达到滤波的目的，如图 4.10 所示。

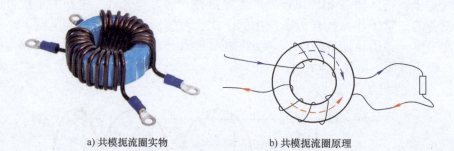

a) 共模扼流圈实物   b) 共模扼流圈原理

图 4.10 共模扼流圈的实物及原理

理论上，共模扼流圈的电感量越高，对 EMI 的抑制效果越好，但过高的电感量将使截止频率降得更低，而实际的滤波器只能做到一定的带宽，一般开关电源的干扰成分为 5 ~ 10MHz，滤波器的带宽控制为 50kHz。如图 4.9 所示，基于预期带宽，结合 Y 电容取值 3300pF，根据式（4.2）可以得到共模扼流圈的电感量为 3.07mH。

$$L = \frac{1}{(2\pi f)^2 C} \tag{4.2}$$

流过共模扼流圈的输入电流平均值为

$$I_{\text{inavg}} = \frac{P_{\text{in}}}{V_{\text{inmin}} D_{\text{max}}} \tag{4.3}$$

式中，P_{in} 为输入功率，由输出功率和效率可得最大的输入功率 $P_{\text{in}} = 171W$；V_{inmin} 为最小输入电压 180V；D_{max} 为最大占空比，此处取 0.45。

共模电感线径 AW 可以表示为

$$\text{AW} = \frac{2I_{\text{inavg}}}{J} \tag{4.4}$$

式中，J 为无强制散热情况下每平方毫米所通过的电流值。自然冷却时，J 取 1.5 ~ 4A/mm^2；强迫冷却时，J 取 3 ~ 5A/mm^2，通常取 4A/mm^2。

3. 整流电路设计

考虑足够的裕量，整流桥的耐压设计为 2 倍的最大交流输入电压，即

$$V_{\text{d}} = 2\sqrt{2} V_{\text{inmax}} \tag{4.5}$$

式中，V_{inmax} 为最大输入电压。

考虑到开机涌流，整流桥的耐流设计为 5 倍的输入电流最大有效值，即

$$I_{\text{d}} = 5\frac{P_{\text{o}}}{\eta V_{\text{inmin}}} \tag{4.6}$$

式中，P_o 为输出功率。

因此，本设计选取 Vishay 公司的 GBU8K 型整流桥，其耐压能力为 800V，耐流为 8A。

4. 直流母线滤波电容选型

直流母线滤波电容的选型，主要考虑电压等级和容值两个方面，直流耐压最小值 V_{dcmin} 按照式（4.7）计算。

$$V_{dcmin} = \sqrt{2} V_{inmin} \tag{4.7}$$

整流输出滤波电容容值的理论计算为

$$C_{dcmin} = \frac{P_{in}}{f_0 (V_{dcmin}^2 - V_{inmin}^2)} \tag{4.8}$$

$$C_{dc} = \frac{C_{dcmin}}{1 - \Delta C_{dc}} \tag{4.9}$$

式中，f_0 为交流电源频率；C_{dcmin} 为电容最小值；ΔC_{dc} 为容差裕量，取 20%。

在实际设计中也可按照输出功率来选取直流输入电容，通常选取标准为 2 ~ 3μF/W。最终选取的电容型号为 Rubycon 公司 450MXC150MSN2245 型电解电容，其容值为 150μF，电压等级为 450V。

5. 功率器件选型及驱动控制电路设计

开关功率器件的选型指标，包括耐压和耐流两部分。漏 – 源极间耐压应该是直流输入最大电压的两倍，即

$$V_{dss} = 2V_{dcmax} \tag{4.10}$$

式中，V_{dcmax} 为直流输入最大电压；V_{dss} 为功率器件漏 – 源极间耐压。

器件通过的电流有效值应该不小于变压器一次峰值电流，即

$$I_{drms} \geqslant I_{out} \frac{1.2 P_o}{V_{dcmin}(1 - D_{max})} \tag{4.11}$$

式中，I_{drms} 为 MOSFET 所通过的电流有效值；I_{out} 为输出电流；P_o 为输出功率；V_{dcmin} 为最小输入直流电压；D_{max} 为最大占空比。

本设计中选用 PI 公司的 TOPSwitch 系列开关电源集成电路，该电路采用 PWM 方式，内部集成了一个高压 MOSFET、PWM 控制电路以及必需的辅助电路。使用 TOPSwitch 芯片设计小功率开关电源具有显著的优点：

1）由于高压 MOSFET、PWM 及驱动电路等集成在一个芯片里，大大提高了电路的集成度，用该芯片设计的开关电源，外接元器件少，可降低成本，缩小体积，提高可靠性。

2）内置的高压 MOSFET 寄生电容小，可减少交流损耗；内置的启动电路和电流限制电路减少了直流损耗；CMOS 管的 PWM 控制器及驱动器功耗也只有 6mW，因此有效地降低了总功耗，提高了效率。

3）电路设计简单：TOPSwitch 芯片只有三个功能引脚，即源极、漏极和门极；MOS-

FET 耐压高达 700V，220V 交流电经整流滤波后，可直接供该电路使用。

4）芯片内部具有完善的自动保护电路，包括输入欠电压保护、输出过电流保护、过热保护及自动再启动功能等。

根据电路参数选用 TOPSwitch-HX TOP257EN。

6. 一次钳位电路设计

钳位电路一般选用 RCD 电路，如图 4.11 所示，主要用于限制 MOS 管关断时，高频变压器漏感引起的尖峰电压和二次线圈反射电压的叠加，漏感中的能量通过 D1 向 C3 充电，C3 上的电压可能冲到反电动势与漏感电压的叠加值，即 $V_{\text{rest}}+\Delta V_{\text{pp}}$。

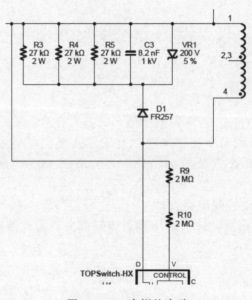

图 4.11 一次钳位电路

在截止变为导通时，C3 上的能量经电阻释放，直到其电压降到下次 MOS 管关断之前的反电动势 V_{rest}，放电过程中，漏感电动势 ΔV_{pp} 不变，通过 R（$R_3//R_4//R_5$）、C_3 和变压器关断时间的关系，可以求得电阻的值。可以按周期 T 的 63% 计算：

$$RC_3 = \frac{0.63T(V_{\text{rest}} + \Delta V_{\text{pp}})}{\Delta V_{\text{pp}}} \tag{4.12}$$

式中，$T = 1/f_s$，为开关周期。

二极管的耐压值大于叠加值的 10%，电流大于输入电流平均值的 10%。

二极管要选慢速的，对 EMI 滤波好；电容 C_3 越大，电压尖峰越小，也就是 RCD 吸收的漏感能量越大；电阻 R 越小，电容放电越快，下个周期时就能吸收更多的能量。

电容 C_3 选大，电阻 R 选小，吸收能力较强，振荡周期变长（频率降低），EMI 滤波较好，但损耗也会较大，故要折中选取。

也可以选用 RZCD 钳位电路，相较于 RCD 电路，其在保证钳位、吸收功能的同时还可以提高效率及降低空载功耗。稳压二极管稳压值至少比 V_{OR} 高 10%，这里选 200V，其型号为 P6KE200A。钳位二极管选用 FR307 型。

7. 二次输出整流二极管选型

为了降低输出整流损耗，二次整流二极管一般选用肖特基二极管，由于其有较低的正向导通压降 V_f，能通过较大的电流。

输出整流二极管的耐压 V_{d3} 可通过下式计算：

$$V_{d3} = V_{out} + \frac{V_{dcmax}(V_{out} + V_f)}{V_{dcmin}\left[D_{max} / (1 - D_{max})\right]} \qquad (4.13)$$

式中，V_{out} 为输出电压。

输出二极管的峰值电流为

$$I_{pk} = \frac{2I_{out}}{1 - D_{max}} \qquad (4.14)$$

根据计算所得选用 MUR840 型快速恢复二极管，其耐压能力为 400V，额定电流为 8A，最大峰值重复电流为 16A。

在拓扑电路的原型上输出二极管是没有吸收回路的，实际电路中都有吸收回路，如图 4.12 所示，R12 和 C7 构成吸收回路，这是工程上的需要，不是拓扑需要。吸收回路可以降低尖峰电压，缓冲尖峰电流；降低 di/dt 和 dv/dt，即改善 EMI 滤波品质；降低开关损耗，即实现某种程度的软开关；提高效率（是相对的，若取值不合理，不但不提高效率，反而降低效率）。

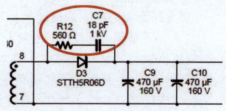

图 4.12　输出吸收回路

由于寄生参数的影响，实际中 RC 参数靠实验来调整。一般先不加 RC，用电压探头测出原始的振荡频率 ω。此振荡是由 LC 回路形成的，L 主要是变压器二次漏感和布线电感，C 主要是输出电容、二极管结电容和变压器二次侧的杂散电容。

测出振荡频率后，试着在二极管上加电容，直到振荡频率变为原来的 1/2，则原振荡电路的 C 值为所加电容的 1/3，由此可计算，$R = \omega L = 1/(\omega C)$。加上 R 后适当调整 C 值的大小，直到振荡基本被抑制。

8. 二次输出滤波电容选型

输出滤波电容的选型，主要考虑容值、电压等级、ESR 和额定纹波电流。输出电压纹波主要包含两个部分，由电容 ESR 决定的纹波分量与电流纹波分量成正比，由电容决定的纹波分量与流过电容的电流的积分成正比，两者相位不同，但考虑最恶劣的情况，假设它们同相叠加。

电容的设计应该满足：

$$C_o = I_{pk} \frac{T_{off}}{V_{out\_ripple}} \qquad (4.15)$$

其中，

$$I_{pk} = \frac{2I_{out}}{1 - D_{max}} \qquad (4.16)$$

$$T_{\text{off}} = \frac{1 - D_{\max}}{f_s} \qquad (4.17)$$

式中，$V_{\text{out\_ripple}}$ 为纹波电压；f_s 为开关频率；I_{out} 为输出电流。

最终，电容型号确定为 United Chemi-Con 公司 EKXJ161E561MM40S 型电容，其容值为 560μF，电压等级为 160V。

9. 反激式变压器设计

变压器是开关电源的核心元件之一，变压器的设计关系到整个开关电源性能的好坏。整个高频变压器的设计过程包括以下几个部分：

1）变压器磁心的设计与选择。

2）变压器一次电感的设计。

3）变压器一次匝数的设计。

4）变压器电压比的设计。

5）变压器辅助线圈的设计。

6）变压器磁心气隙的设计。

（1）变压器磁心的设计与选择

变压器磁心的材料有多种，根据需求选择合适的变压器磁心材料。铁氧体磁心是一种高频导磁材料，主要应用于高频变压器（如开关电源、行输出变压器等）。开关电源中变压器是高频变压器，根据各种磁性材料的特性，此次设计中变压器磁心材料选择铁氧体磁性材料中的硅钢片。

开关电源设计指标中额定输出功率 P_o = 120W，查找变压器磁心型号与功率对照表，选择 EI40 磁心，EI40 磁心的结构与详细尺寸参数如图 4.13 和表 4.3 所示。

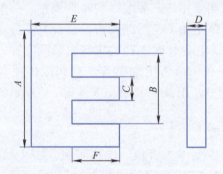

图 4.13　EI40 结构图

表 4.3　EI40 磁心详细尺寸参数

A/mm	B/mm	C/mm	A_e/mm^2	A_p/cm^4
40.00	27.25	11.65	148.00	2.33
D/mm	E/mm	F/mm	L_e/cm	A_l/(nH/匝^2)
11.65	27.30	20.30	7.70	5000.00

注：A_e 为有效中心截面积；A_p 为磁心有效截面积与窗口面积乘积；L_e 为磁路长度；A_l 为电感系数。

（2）变压器一次电感的设计

变压器一次电感的设计是高频变压器设计的一个重要环节，以保障能够存储足够的能量供给负载。现在变压器一次电感设计方法大同小异，都是从能量平衡的角度出发估算电感值。此次设计中以电路工作在 DCM 和临界情况下估算一次电感 L_p。

一次电感的大小为

$$L_p = \frac{(\sqrt{2}V_{inmin}D_{max})^2}{2P_{in}f_sK} \qquad (4.18)$$

式中，K 为纹波系数，取 0.4（DCM = 1、CCM = 0.3 ~ 0.5）。

变压器正常工作时一次电流的平均值为

$$I_{inavg} = \frac{P_{in}}{\sqrt{2}V_{inmin}D_{max}} \qquad (4.19)$$

（3）变压器一次匝数的设计

输入峰值电流 I_{pk} 为

$$I_{pk} = 1.2I_{inavg}\frac{\Delta I}{2} \qquad (4.20)$$

$$\Delta I = \frac{\sqrt{2}V_{inmin}D_{max}}{L_p f_s} \qquad (4.21)$$

式中，ΔI 为纹波电流。

对于一次匝数有

$$N_{p1} = \frac{\sqrt{2}V_{inmin}D_{max}}{\mu_i f_s A_e} \qquad (4.22)$$

$$N_{p2} = \frac{L_p I_{pk}}{B_s A_e} \qquad (4.23)$$

$$N_p = \max(N_{p1}, N_{p2}) \qquad (4.24)$$

式中，μ_i 为所选磁心材料的磁导率；A_e 为磁心实际截面积；B_s 为饱和磁通密度。

（4）变压器电压比的设计

设计开关电源变压器电压比的计算经验公式为

$$n = \frac{N_p}{N_s} = (D_{max}/(1-D_{max}))V_{inmin}/(V_{out}+V_f) \qquad (4.25)$$

式中，V_f 为二极管导通压降。

代入式（4.25）中相关数据计算出电压比 $n = 4.28$，由于变压器一次匝数为81，从而求出变压器二次匝数为19。

（5）变压器辅助线圈的设计

变压器辅助线圈与整个开关电源反馈控制端相连，共同构成开关电源的反馈支路，为TOP257EN提供反馈电压信号。变压器辅助线圈匝数计算的经验公式为

$$N_{\text{fb}} = (V_{\text{fb}} + V_{\text{f}}) N_{\text{s}} / (V_{\text{out}} + V_{\text{f}}) \tag{4.26}$$

式中，变压器辅助线圈输出电压 V_{fb} 取15V。代入相关数据得到辅助线圈匝数为8。

变压器一次匝数、二次匝数、一次电感等已经计算出，由此反推开关电源正常工作时的占空比 D 为

$$D = \frac{n(V_{\text{out}} + V_{\text{f}})}{\sqrt{2}V_{\text{in}} + n(V_{\text{out}} + V_{\text{f}})} \tag{4.27}$$

代入数据计算出占空比 $D = 0.36$，$D < D_{\max}$，满足我们的设计要求。

（6）变压器磁心气隙的设计

气隙设计是变压器设计的一个重要环节，气隙设计得不合理会导致变压器工作时磁心出现磁饱和。气隙设计的相关经验公式为

$$L_{\text{g}} = 0.4\pi \times 10^{-8} N_{\text{p}}^2 A_{\text{e}} / L_{\text{p}} \tag{4.28}$$

式中，A_{e} 的单位为 cm^2；L_{g} 的单位为 mm。代入式中相关数据得气隙为0.33mm。

（7）变压器绕线线径的选择

变压器线径一定要选择适当，线径过大会造成变压器绕制的层数过多和变压器体积过大；变压器线径选择过小，承受不了正常工作时的电流，会导致变压器发热情况严重，影响变压器寿命。

高频变压器线径的估算公式为

$$D = 1.3(\sqrt{I} / \sqrt{J}) \tag{4.29}$$

式中，I 为绕线电流的有效值；J 为流过绕线的电流的电流密度。

当设计变压器线径时不得不考虑电流的渗透的问题，电流的渗透深度大于绕线的半径时，变压器绕线必须采用双股并绕的方式绕线。电流渗透深度的计算公式为

$$d = 66.1 / \sqrt{f_{\text{s}}} \tag{4.30}$$

式中，f_{s} 为开关电源的工作频率。

查找美国电线电缆标准，选出变压器的绕线，变压器一次侧采用AWG22绕线，二次侧采用AWG20绕线并采用双股并绕的绕线形式。

综合上述的变压器设计过程，最终确定的变压器设计方案见表4.4。

表 4.4　变压器设计方案

磁心材料	硅钢片	二次匝数	22
磁心类型	EI40	辅助线圈匝数	7
磁心骨架	立式 6+6P	开气隙 /mm	1.15
一次匝数	61	一次绕线	AWG22
一次电感 /mH	0.588	二次绕线	AWG20 双股并绕

绕线绕制采用三明治绕线方法（一、二次侧交错绕法），具体的绕线方案如图 4.14 所示。

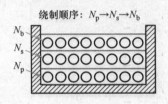 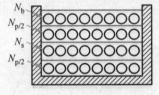 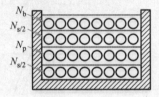

图 4.14　变压器绕线方法

4.4　实践效果

4.4.1　仿真结果与分析

在仿真软件中没有 TOPSwitch 芯片，因此采用驱动芯片 UC3842 代替 TOPSwitch 芯片，设计的开关电源仿真图如图 4.15 所示。

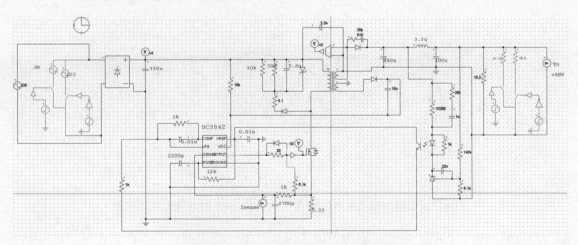

图 4.15　基于 PSIM 的开关电源仿真图

当输入电压为 AC 220V 时，得到的输出电压为 48V，如图 4.16 所示，输出电压的纹波值 $V_{pp} \approx 60mV$，能够满足设计指标要求。

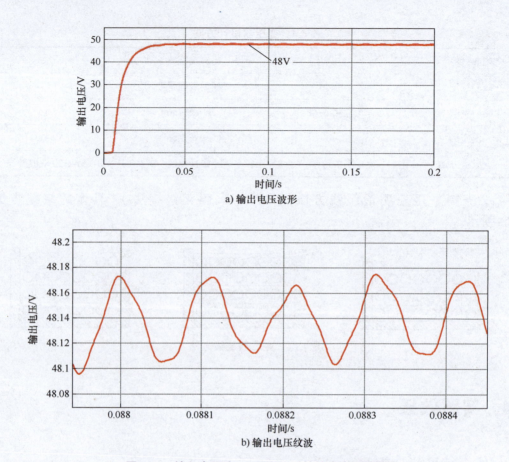

a) 输出电压波形

b) 输出电压纹波

图 4.16   输入电压为 AC 220V 时的输出电压波形

当电网电压出现波动时，输入电压从 AC 220V 变为 AC 260V，输出电压的波形如图 4.17 所示。可见，所设计的电源具有较好的鲁棒性，能够维持输出电压不变。

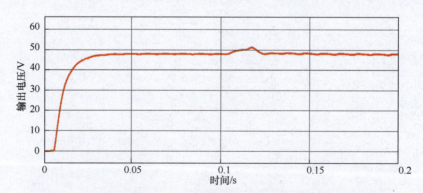

图 4.17   当输入电压从 AC 220V 变为 AC 260V 时的输出电压波形

当负载发生变化时，也会对输出电压的波形产生一些影响。当负载变大时，输出电压的波形如图 4.18 所示。此时，输出电压的波形与输入电压升高的情况类似，也会出现一个电压上升后再回到 48V 的稳定输出电压。

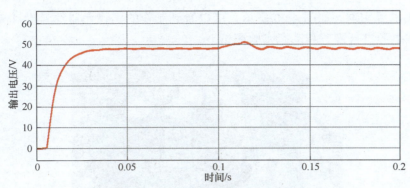

图 4.18 负载变大时的输出电压波形

4.4.2 实验结果与分析

基于电路拓扑设计和元器件选型设计，采用 Altium Designer 软件设计开关电源，原理图及 PCB 如图 4.19 所示。

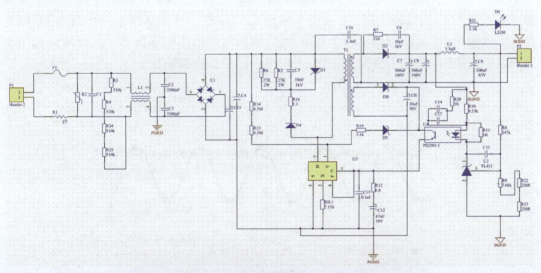

a) 原理图

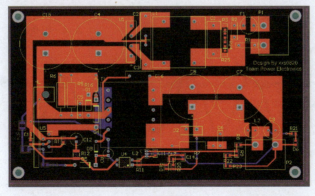

b) PCB布局

图 4.19 基于 TOPSwitch 设计的开关电源原理图及 PCB

制作开关电源实物，如图 4.20 所示，可以看到制作的实物元器件紧凑且考虑了散热设计，分别对该电源进行稳态和动态实验测试。

图 4.20　基于 **TOPSwitch** 设计的开关电源实物

稳态工况下，AC 220V 输入，实测输入输出电压波形如图 4.21 和图 4.22 所示。图 4.21 的测试负载为 50Ω 的功率电阻，2 通道为输出电压通道，其自身存在一个约为 3V 的直流偏置，实际输出电压值约为 47.6V。图 4.22 为满载时的输出电压波形，此时实际输出电压约为 46.4V，稳态满载电压精度为 3.3%，< 5%，满足设计要求。

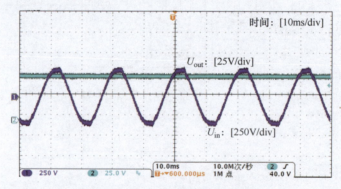

图 4.21　轻载时的输入输出电压波形

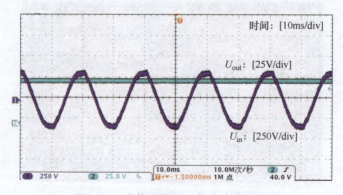

图 4.22　满载时的输入输出电压波形

当输入电压为 AC 220V，满载工作时，实测输出电压纹波如图 4.23 所示。可以看出，输出纹波较小约为 130mV，满足设计要求。

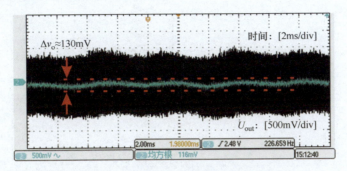

图 4.23　额定工况下的输出电压纹波

为了实时分析变换器的工作过程，观测 MOSFET 漏源两端电压及输出整流二极管端电压，波形如图 4.24 所示。可以看出，变换器工作在 DCM 状态，开关周期约为 30μs。开关周期第一阶段，MOSFET 开通，二极管关断；第二阶段，MOSFET 关断，二极管开通；第三阶段，MOSFET 和二极管均关断，变压器二次侧对一次侧的钳位电压消失，MOSFET 寄生电容放电，导致 MOSFET 两端电压和二极管端电压振荡。

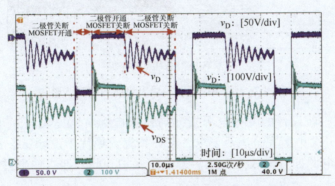

图 4.24　MOSFET 和整流二极管的输出电压波形

动态测试包括启动过程和负载突变情况测试。突然将开关电源接入市电，其启动过程输出电压波形和输出电流波形如图 4.25 所示。2 通道为输出电压，3 通道为负载电流，测试负载为 50Ω 的功率电阻，负载功率为 46.1W。启动过程中，输出电压超调很小，上升平缓。

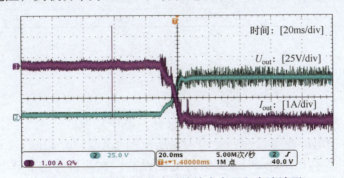

图 4.25　开关电源启动时的输出电压和电流波形

负载投切时输出电压和电流波形如图 4.26 所示。可以看出,所设计的开关电源在负载投切时其输出电压变换较为平缓,无明显的超调。

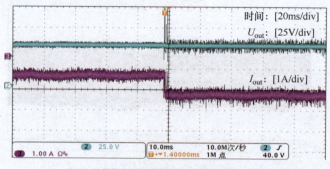

a) 负载由 1/3 投切至 2/3 满载功率

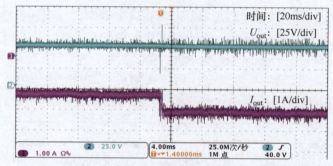

b) 负载由 2/3 投切至满载功率

图 4.26　负载投切时的输出电压和电流波形

综合实测情况,所设计的开关电源指标与要求指标对比见表 4.5。由表中各项指标对比可知,所设计的开关电源完全满足要求,部分指标大幅优于设计要求。在保护设计方面,这里所设计的开关电源拥有输入欠电压、过电压保护,此外拥有输出过电压保护设计,并带有过温保护机制。

表 4.5　设计指标完成情况

指标名称	要求值	实测 / 计算值	指标名称	要求值	实测 / 计算值
电压精度	5%	3.3%	线性调整率	1%	< 1%
电压纹波	150mV	130mV	效率	≥ 70%	78%
负载调整率	1%	< 1%	保护	有完善保护设计	

4.5　本章小结

本章以 48V/120W 通信电源的商用化为目标,基于反激式开关变换器架构展开全流程设计实践。针对通信电源高可靠性、宽输入电压范围（AC 180 ~ 260V）的需求,采用反激式电路拓扑设计,基于 PI Expert Suite 进行电路设计。在元器件选型环节,给出了 EMI 滤波电路的电容电感选型方法,开关器件选用 PI 公司的 TOPSwitch 芯片,该芯片内部集成了一个高压 MOSFET、PWM 控制电路以及必需的辅助电路，提高了电路的集成度和效率，减少了外部电路。通过 PSIM 仿真平台对环路稳定性与动态响应进行验证，优化补偿网络参数后，电压调整率 ≤ ±1%，负载瞬态过冲控制在 5% 以内。实验测试表明，所设计装置样机稳态运行及动态测试均满足设计要求。本章通过理论设计—仿真验证—样机测试的闭环流程，为中小功率通信电源的高效化、紧凑化设计提供了可复用的工程范式。

第 5 章 LLC 谐振变换器的创新实践

近年来，随着电力电子技术的迅猛发展，开关电源被广泛应用于航空、航天、计算机、通信、照明等领域，同时这些领域也对开关电源的效率、体积、重量、性能等方面提出了更加严格的要求。DC-DC 变换作为开关电源的基本单元，通过 DC-DC 变换电路可以演变出其他各种形式的变换电路，DC-DC 变换技术是开关电源发展的基础。

面向高效率、高功率密度的 DC-DC 变换器，本章介绍了 LLC 变换器软开关的工作原理、损耗分析方法、控制方法、电 – 热设计方法，通过本章的学习，可提升高效率、高功率密度变换器的创新实践能力。

5.1 设计目标

基于 LLC 谐振变换器，设计一款高效率、高功率密度电源，规格要求见表 5.1。

表 5.1 电路设计指标

输入电压	直流 300 ~ 400V，额定输入 360V
输入电流总谐波畸变率	<10%
单路输出电压	直流 12V
输出功率	200W
变换器谐振频率	100kHz
输出电压纹波	<200mV
输出电流纹波	<50mA
功率密度	$\geq 10\text{W/in}^3$
最佳效率	$\geq 95\%$

此外，要求低成本设计，电路主板结构不超过四层板；无风冷自然冷却，要求 40℃环境温度下持续工作 30min；不限定具体尺寸。

5.2　设计方案

5.2.1　电路拓扑设计

1. 电路拓扑选择

由于不同电路拓扑在效率、成本等方面存在折中，开关电源的拓扑选型与电源的功率具有一定的关系，见表 5.2。为了实现 200W、输入 DC 300～400V、输出 DC 12V、效率 95% 的电气要求，可以选择的电路拓扑只有 LLC。

表 5.2　不同电路拓扑对比

拓扑	功率范围 /W	$V_{in(dc)}$/V	输入输出隔离	典型效率 (%)	相对成本
Buck 电路	0～1000	5～40	无	70	1.0
Boost 电路	0～150	5～40	无	80	1.0
Buck-Boost 电路	0～150	5～40	无	80	1.0
正激式电路	0～150	5～500	有	78	1.4
反激式电路	0～150	5～500	有	80	1.2
推挽式电路	100～1000	50～1000	有	75	2.0
半桥电路	100～500	50～1000	有	75	2.2
全桥电路	400～2000+	50～1000	有	75	2.5
LLC	70～500+	50～1000	有	90+	2.2
准谐振	0～100	5～500	有	85	1.5

为了提高 DC-DC 变换器的效率，应尽可能实现开关器件的软开关。采用更高的开关频率，减小功率变换器体积、重量，是提高变换器效率、功率密度的有效途径。

就实现方式而言，传统的 PWM DC-DC 变换器在开关管的开通和关断过程中产生大量的损耗，属于硬开关，转换效率低。相反，谐振变换器具有开关工作频率高、开关损耗小、允许输入电压范围宽、效率高、重量轻、体积小、EMI 噪声小、开关应力小等优点。

在众多的谐振变换器中，LLC 谐振变换器具有一次开关管易实现全负载范围内的零电压开关（ZVS），二次二极管易实现零电流开关（ZCS），谐振电感和变压器易实现磁性组件的集成，以及输入电压范围宽等优点，因而得到了广泛的关注。

与此同时，同步整流（SR）技术也得到越来越广泛的应用。据统计，高电压、大电流输出的 DC-DC 变换器的整流管，其功率损耗占全部功耗的 50%～60%。同步整流是指用低导通电阻 MOSFET 代替常规肖特基整流 / 续流二极管，降低整流部分的功耗，提高变换器的性能。同步整流技术的出现，提高了 DC-DC 变换器的效率，有利于高功率密度、高效率的实现。

2. LLC 谐振变换器的工作原理

LLC 谐振变换器是在传统的串联和并联 LC 谐振变换器的基础上改良产生的，它既具备串联谐振变换器谐振电容的隔直作用和谐振槽路随负载轻重而变化，轻载时效率较高的优点，同时又兼具了并联谐振变换器可以工作在空载条件下，对滤波电容的电流脉动要求小的特点，是一种比较理想的谐振变换器拓扑。如图 5.1 所示，采用半桥 LLC 谐振电路，一般半桥 LLC 变换器应用于中小功率场合，大功率电源则用全桥 LLC 谐振变换器。相同功率下，半桥电路的电压应力是全桥电路的一半，而电流应力是全桥电路的 2 倍。为了实现高效的 DC-DC 电压转换，一次侧使用具有低反向恢复电荷和低输出电容的 MOSFET 器件，二次侧使用同步整流方法进一步提高效率。

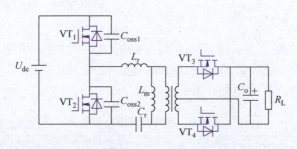

图 5.1　LLC 拓扑

LLC 谐振变换器电路有两个谐振频率，一个是谐振电感 L_r 和谐振电容 C_r 的谐振频率，另一个是励磁电感 L_m 加上 L_r 与 C_r 的谐振频率。

$$\begin{cases} f_{r1} = \dfrac{1}{2\pi\sqrt{L_r C_r}} \\ f_{r2} = \dfrac{1}{2\pi\sqrt{(L_r + L_m) C_r}} \end{cases} \tag{5.1}$$

在传统的串联谐振变换器（SRC）中，为了实现一次开关管的 ZVS，开关频率必须高于谐振回路的谐振频率。而 LLC 谐振变换器不仅可以工作在 $f > f_{r1}$ 和 $f = f_{r1}$ 的频率范围内，而且它还可以工作在 $f_{r2} < f < f_{r1}$ 的频率范围内。下面以 $f = f_{r1}$ 的工作频率来阐述 LLC 的工作原理。LLC 谐振电路波形如图 5.2 所示。

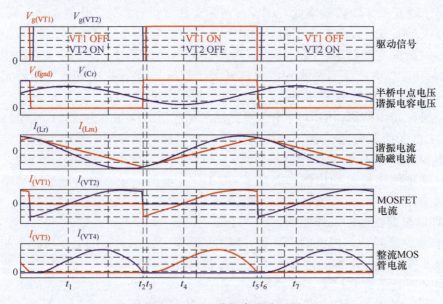

图 5.2　LLC 谐振电路波形图

（1）阶段一（$t_1 \sim t_2$）

第一阶段（见图 5.3），VT_1 关断，VT_2 导通。VT_3 关断，VT_4 导通，此时，VT_3 的电压：$U_{VT3} = -2U_{RL}$。电感 L_m 被钳位，两端电压：$U_{Lm} = -nU_{RL}$。电容 C_r 和电感 L_r 发生谐振，谐振频率为 f_{r1}。一、二次侧存在能量传递，励磁电感 L_m 不参与谐振。

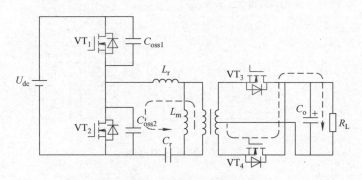

图 5.3　阶段一原理图

（2）阶段二（$t_2 \sim t_3$）

第二阶段（见图 5.4），VT_1 关断，VT_2 关断。VT_3 关断，VT_4 关断，此时，VT_3 和 VT_4 的电压：$U_{VT3} = U_{VT4} = 0$，变压器的二次侧开路。L_r 和 L_m 的电流充电 C_{oss2}，C_{oss1} 放电直到 C_{oss2} 两端的电压为 U_{dc}。VT_1 的体二极管导通，能量流回 U_{dc}。一、二次侧没有能量传递，负载 R_L 两端电压由滤波电容 C_o 维持，励磁电感 L_m 参与谐振过程。

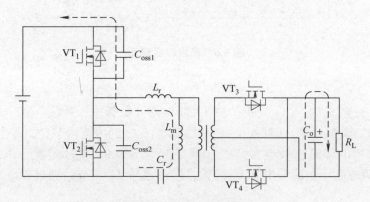

图 5.4　阶段二原理图

（3）阶段三（$t_3 \sim t_4$）

第三阶段（见图 5.5），VT_1 导通，VT_2 关断。VT_3 导通，VT_4 关断，此时，VT_4 的电压：$U_{VT4} = -2U_{RL}$。电容 C_r 和电感 L_r 发生谐振，谐振频率为 f_{r1}。变压器一次电流自上向下，一、二次侧有能量传递，励磁电感 L_m 两端电压被输出电压钳位。谐振电流流经 VT_1 体二极管返回 U_{dc}。当电感 L_r 的电流为零时，这一阶段终止。

（4）阶段四（$t_4 \sim t_5$）

第四阶段（见图 5.6），VT_1 导通，VT_2 关断。VT_3 导通，VT_4 关断，此时，VT_4 的电压：$U_{VT4} = -2U_{RL}$。谐振电流正向流过开关管 VT_1，励磁电流先逐渐减小到零，再正向增加，但始终小于谐振电流，励磁电感 L_m 两端电压被钳位。电容 C_r 和电感 L_r 发生谐振，谐振频率为 f_{r1}。电感 L_r 的电流流经 VT_1 从 U_{dc} 到地。变压器一、二次侧存在能量传递。

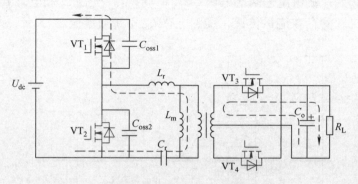

图 5.5　阶段三原理图

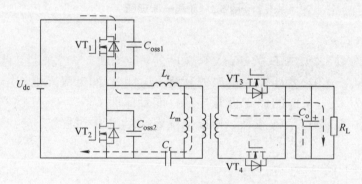

图 5.6　阶段四原理图

（5）阶段五（$t_5 \sim t_6$）

第五阶段（见图 5.7），VT_1 关断，VT_2 关断，两开关管进入死区。VT_3 关断，VT_4 关断，此时，变压器的二次侧开路。谐振电感 L_r 和励磁电感 L_m 的电流为 VT_1 的寄生电容 C_{oss1} 充电，开关管 VT_2 的寄生电容 C_{oss2} 放电直到 C_{oss2} 两端的电压为 0。整个过程一、二次侧没有能量传递，负载 R_L 两端电压由滤波电容 C_o 提供，励磁电感 L_m 参与谐振过程。

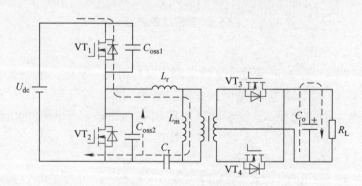

图 5.7　阶段五原理图

（6）阶段六（$t_6 \sim t_7$）

第六阶段（见图 5.8），VT_1 关断，VT_2 开通。VT_3 关断，VT_4 开通。谐振电流开始减小且小于励磁电流，谐振电流反向通过 VT_2 的体二极管续流，将 VT_2 的电压钳位到零。变压器一次侧流过反向电流，二次侧 VT_4 导通，一、二次侧存在能量传递，L_m 两端电压被输出电压钳位。C_r 和 L_r 发生谐振，谐振频率为 f_{r1}。输出的能量由 C_r 和 L_r 提供，当 L_r 电流为零时，这一阶段结束。

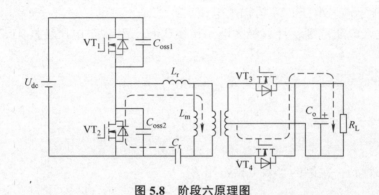

图 5.8　阶段六原理图

3. 同步整流驱动

在低电压、大电流输出应用场合下，同步整流技术利用 MOS 管取代整流二极管，通过减小整流管的导通损耗，提高变换器效率。但为保证同步整流管的正常工作，需要提供及时准确的驱动信号。

同步整流驱动方案可分为电压型驱动和电流型驱动，电压型驱动直接检测二次绕组电压作为驱动信号，无需额外电流检测元件，结构简单，成本低，在正激/反激变换器及 LLC 谐振变换器中广泛应用。电流型驱动消除了体二极管导通损耗，输入电压范围宽，适用于低电压大电流场景。本项目的 LLC 谐振变换器选用电压型驱动，电压型驱动又可分为自驱动、外驱动。自驱动方案不需要外加器件，利用变压器二次绕组或辅助绕组给同步整流管提供驱动信号，结构简单、成本低，但由于变压器的绕组间存在漏感等寄生参数，同步整流管可能不能及时关断。外驱动方案则通过独立的逻辑和驱动电路生成与变压器二次电压同步的驱动信号。这种方法能提供更精确的驱动波形，但增加了电路的复杂性。相比自驱动和外驱动两种方案，智能同步整流芯片为 LLC 谐振变换器同步整流技术的发展提供了更大的空间。采用这些智能驱动芯片，能够进一步提高变换器的工作效率，特别适合高功率密度和高效率要求的场合。本设计中选用 Onsemi 公司的 NCP4304 芯片，该芯片是一款功能齐全的控制器和驱动器，专为控制开关模式电源中的同步整流电路而设计。外部可调的最小导通和关断时间的组合有助于消除 PCB 布局和其他寄生元件引起的振铃。因此，可以确保同步整流系统的可靠和无噪声运行。极低的关断延迟时间、驱动器的高灌电流能力和自动封装寄生电感补偿系统允许最大限度地延长同步整流 MOSFET 导通时间，从而进一步提高变换器效率。

5.2.2 元器件选型设计

1. 谐振参数计算

（1）变压器电压比 n

$$n = \frac{1}{2}\frac{U_{\text{innom}}}{U_{\text{o}}} \tag{5.2}$$

式中，U_{innom} 为额定输入电压；U_{o} 为输出电压。

（2）根据输入电压范围，计算最大电压转换比 G_{max} 和最小电压转换比 G_{min}

$$\begin{cases} G_{\text{max}} = 2n\dfrac{U_{\text{o}}}{U_{\text{inmin}}} \\[3mm] G_{\text{min}} = 2n\dfrac{U_{\text{o}}}{U_{\text{inmax}}} \end{cases} \tag{5.3}$$

（3）负载归算到一次侧的等效变换电阻 R_{eq}

$$R_{\text{eq}} = \frac{8}{\pi^2}n^2 R_{\text{o}} \tag{5.4}$$

$$R_{\text{o}} = \frac{U_{\text{o}}^2}{P_{\text{o}}} \tag{5.5}$$

式中，R_{o} 为输出满载条件下输出电阻。

（4）电感比 k

在最大输入电压和空载下变换器工作在最大开关频率，电感比 k 为

$$k = \frac{L_{\text{m}}}{L_{\text{r}}} \tag{5.6}$$

式中，L_{r} 和 L_{m} 分别为谐振电感与励磁电感。

一方面，k 值越小，获得相同增益的频率变化范围越窄；k 值越大，获得相同增益的频率变化范围越宽。另一方面，k 值越大，MOSFET 在谐振频率 f_{r} 附近的导通损耗和开关损耗越低。

（5）品质因数 Q

$$Q = \frac{0.95}{kG_{\text{max}}}\sqrt{k + \frac{G_{\text{max}}^2}{G_{\text{max}}^2 - 1}} \tag{5.7}$$

（6）最小、最大工作频率 f_{min}、f_{max}

$$\begin{cases} f_{\min} = \dfrac{f_r}{\sqrt{1+k\left(1-\dfrac{1}{G_{\max}^2}\right)}} \\[4ex] f_{\max} = \dfrac{f_r}{\sqrt{1+k\left(1-\dfrac{1}{G_{\min}}\right)}} \end{cases} \tag{5.8}$$

（7）谐振电容 C_r

$$C_r = \frac{1}{2\pi f_r R_{eq} Q} \tag{5.9}$$

取 $C_r = 33\text{nF}$，选择高压薄膜电容作为谐振电容。

谐振电容的电流有效值 I_{cr_rms} 和电压有效值 U_{cr_rms} 分别为

$$I_{cr\_rms} = I_{rms} = \frac{U_o}{8nR_o} \sqrt{\frac{2n^4 R_o^2}{L_m^2 f_r^2} + 8\pi^2} \tag{5.10}$$

$$U_{cr\_rms} \approx \frac{U_{inmax}}{2} + \sqrt{2} I_{rms\_max} \cdot \frac{1}{2\pi f_r C_r} \tag{5.11}$$

根据上述计算，谐振电容最终选取 33nF/450V。

（8）谐振电感 L_r

$$L_r = \frac{R_{eq} Q}{2\pi f_r} \tag{5.12}$$

（9）励磁电感 L_m

$$L_m = k L_r \tag{5.13}$$

（10）验证参数是否满足一次开关管 ZVS 条件

$$I_m > I_{zvs} \tag{5.14}$$

$$I_m = \frac{U_{inmax}}{4 f_{\max}(L_m + L_r)} \tag{5.15}$$

$$I_{zvs} = C_{zvs} \frac{U_{inmax}}{T_d} \tag{5.16}$$

式中，I_m 为输入电压最大时的电流；I_{zvs} 为实现 ZVS 的临界电流；T_d 为死区时间 200ns；C_{zvs} 为半桥中点的寄生电容 150pF。

2. 功率器件参数计算

（1）一次电流有效值

$$I_{rms} = \frac{U_o}{8nR_o}\sqrt{\frac{2n^4R_o^2}{L_m^2 f_r^2} + 8\pi^2} \tag{5.17}$$

（2）MOSFET 电压最大值 U_{max_mos}、电流最大值 I_{max_mos}、电流有效值 I_{rms_mos}

$$U_{max\_mos} = U_{inmax} \tag{5.18}$$

$$I_{max\_mos} = I_{rms} \tag{5.19}$$

$$I_{rms\_mos} = \frac{I_{rms}}{\sqrt{2}} \tag{5.20}$$

3. 输出整流滤波电路设计

（1）二次整流管电压 U_{Dmax}、电流 I_{D_avg}

$$U_{Dmax} = 2U_o \tag{5.21}$$

$$I_{D\_avg} = \frac{I_o}{2} \tag{5.22}$$

（2）输出电容设计

输出电容的电流有效值 I_{co_rms} 为

$$I_{co\_rms} = \sqrt{\frac{\pi^2 - 8}{8}} \cdot I_o \tag{5.23}$$

输出电容的电流峰值 I_{co_peak} 为

$$I_{co\_peak} = I_o \cdot \frac{\pi}{2} \tag{5.24}$$

输出电压纹波 U_{out_ripple} 为

$$U_{out\_ripple} = R_{ESR} I_{co\_rms} \tag{5.25}$$

输出电压纹波需要控制在 200mV，所以输出电容的 $R_{ESR} = 0.025\Omega$。根据 $R_{ESR}C_o = 50 \sim 80 \times 10^{-6}$s，选择输出电容为 $80 \times 10^{-6}/0.025$F $= 3200\mu$F，给电容留一定的裕度，取 $C_o = 4000\mu$F。

输出电容按照 20μF/W 的容值选择 4000μF 的总容值。由 4 个 1000μF/25V 的电解电容并联构成。

4. 变压器设计

（1）变压器实际电压比

$$n_{\text{real}} = n\sqrt{\frac{L_r + L_m}{L_m}} = n\sqrt{\frac{1+k}{k}} \tag{5.26}$$

（2）面积乘积（AP）法选择变压器磁心

$$Ap = A_w A_e = K\frac{100P_t}{K_0 K_f f_{\min}\Delta BJ} \tag{5.27}$$

式中，P_t 为变压器视在功率，A_w 为磁心的窗口截面积；A_e 为磁心的有效截面积；K 为安全系数，K_0 为窗口利用系数，一般取 0.4；K_f 为波形系数（正弦波取 4.44，方波取 4）；J 为导线电流密度 4A/mm^2；ΔB 为工作磁感应强度；$f_{\min}$ 为最小工作频率。综合考虑，选择 PQ3220 布局方式。

（3）计算一次最小匝数

$$N_{\text{p\_min}} = \frac{n_{\text{real}}(U_o + U_d)}{2f_{\min}\Delta B A_e} \tag{5.28}$$

（4）变压器绕线选择

变压器一次绕组的电流有效值和开关管的电流有效值相等，为 0.98A，导线选择 0.12mm×50 股利兹线。变压器二次绕组的电流有效值和整流管的电流有效值相等，即为 8.33A，导线选择 0.4mm×16 股无氧铜绞合线。

5.3　实践效果

5.3.1　仿真结果与分析

为了快速验证 5.2 节中的设计方案，在 PSIM 中搭建电路模型时，将变压器输出整流部分的 MOS 管替换为二极管，降低仿真复杂度。电路模型如图 5.9 所示。

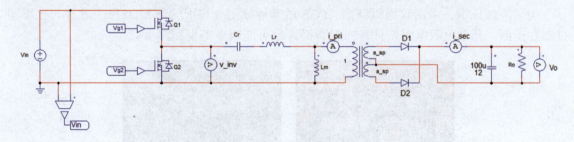

图 5.9　电路模型

电路工作的仿真波形如图 5.10 所示，当开关管 Q1 的驱动电压为高电平时，Q1 的电流反向流过 Q1，这时的电流流过 Q1 的体二极管，逐渐减小后反向，对应于谐振电感 Lm 中的谐振电流方向改变。当电流正向流过 Q1 时，Q1 的电流与谐振电流一致。从电路工作过程的波形中可以看出，所设计的电路能够正常工作。

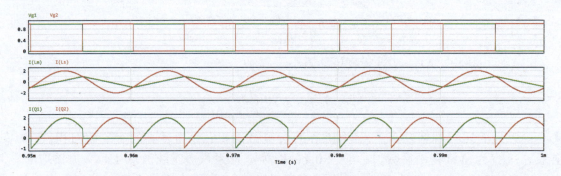

图 5.10　电路工作的仿真波形

变换器的输出电压波形如图 5.11 所示，电路稳定工作后输出电压 12V。

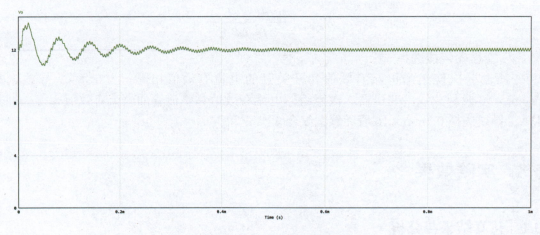

图 5.11　输出电压波形

5.3.2　实验结果与分析

为了降低成本，采用双面板结构，PCB 的布局如图 5.12 所示，MOSFET 芯片与变压器排布在正面，其余电阻电容组件排布在背面，尽可能减小寄生回路参数。

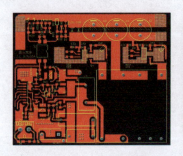 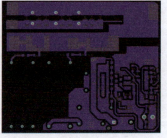

图 5.12　PCB 布局

如图 5.13a 所示，PCB 的尺寸为 75mm×65mm×26mm，功率密度为 25.8W/in³，远大于 10W/in³。如图 5.13b 所示，实验平台包括直流稳压电源、示波器、可调负载以及红外热成像仪。通过实验平台可以自主调节负载功率、直流母线电压，实时观测电路各部分温度分布，防止因温度过高引起功率开关管损坏。

a) 样机实物　　　　　　　　　　　　　　　　b) 实验平台

图 5.13　样机实物及实验平台

1. 稳态工作波形

LLC 谐振变换器不同功率下的稳态工作波形如图 5.14 所示，图中黄色波形 V_o 是输出电压波形，红色波形 V_{gs} 是 MOS 管的驱动电压波形，蓝色波形 V_{ds} 是 MOS 管漏源电压波形，绿色波形 i_{lr} 是谐振电感电流波形。图 5.14a 是输出功率为 20W 时的工作波形，图 5.14b 是输出功率为 200W 时的工作波形。从图中可以看出，变换器在 20W 和 200W 时都能正常工作，输出稳定电压。

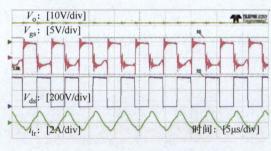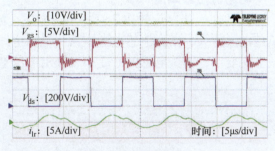

a) 20W工作波形　　　　　　　　　　　　　　b) 200W工作波形

图 5.14　不同功率下的稳态工作波形

2. 输出电压纹波

不同功率下的输出电压纹波如图 5.15 所示，20W 条件下，输出电压纹波为 40mV，200W 条件下，输出电压纹波为 200mV。

3. ZVS

MOS 管 ZVS 的波形如图 5.16 所示，蓝色波形 V_{ds} 是 MOS 管的漏源电压波形，绿色波形 i_{lr} 是谐振电感电流波形，从图中可以看出，在 20W 轻载和 200W 重载的情况下，MOS 管均能实现 ZVS。

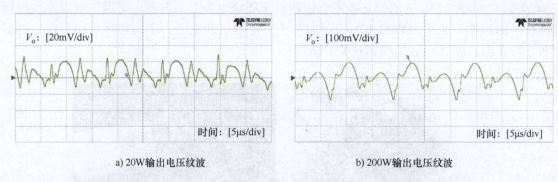

a) 20W输出电压纹波   b) 200W输出电压纹波

图 5.15   输出电压纹波

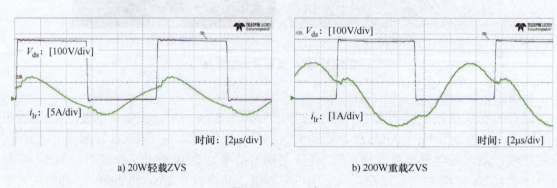

a) 20W轻载ZVS   b) 200W重载ZVS

图 5.16   ZVS 波形

4. 动态负载响应

测试变换器在负载切换时的动态响应，如图 5.17 所示，负载由 20W 切换到 200W 时，负载电流变大，谐振电感电流变大，输出电压基本不变；负载由 200W 切换到 20W 时，负载电流变小，谐振电感电流变小，输出电压基本不变。

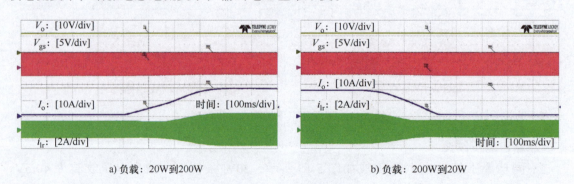

a) 负载：20W到200W   b) 负载：200W到20W

图 5.17   动态负载响应

5. 损耗与效率

如图 5.18 所示，样机的总损耗为 11.22W。变压器损耗为 4.74W，占总损耗的 42.2%。电感损耗为 3.64W，占总损耗的 32.4%。同步整流管的损耗高于一次器件的损耗，实测中，二次侧的温度明显高于一次器件的温度。

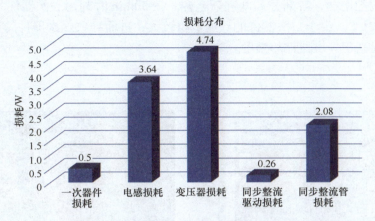

图 5.18　损耗分布图

　　不同输入电压下的负载与效率的曲线如图 5.19 所示,在相同电压等级下,负载增大时,效率先增后减,电路在 390V 输入电压,40W 负载条件下达到最高效率 95.6%。

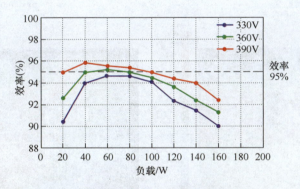

图 5.19　负载与效率曲线图

　　不同输入电压下的负载与损耗的曲线如图 5.20 所示,损耗随着负载的增大而增大,相同负载情况下,当母线电压为 360V 时,损耗最大。

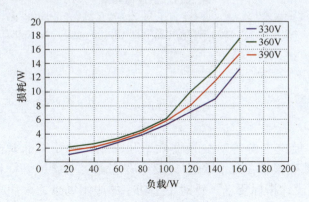

图 5.20　负载与损耗曲线图

室温环境下，120W 功率运行 30min，每 5min 间隔记录一次温度分布结果，如图 5.21 所示。随着时间的增加，各部分温度逐渐上升。在 30min 时刻，二次器件（Q3）的温度最高，温度为 83.71℃。由于二次器件的导通电阻较大，进而导致二次器件的损耗较大，二次器件的温度明显高于一次器件的温度。

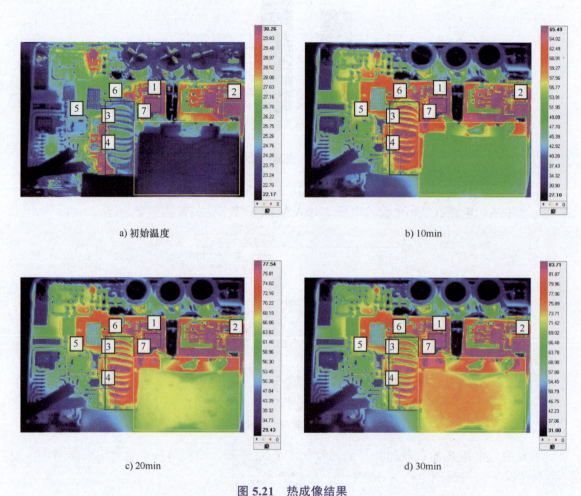

a) 初始温度　　　　　　　　　　　　　　　　b) 10min

c) 20min　　　　　　　　　　　　　　　　　d) 30min

图 5.21　热成像结果

1、2—变压器二次 MOS 管 Q4、Q3　3、4—变压器一次 MOS 管 Q1、Q2
5—变压器一次 MOS 管驱动电路中的电阻　6—电感　7—变压器

5.4　本章小结

针对数据中心、航空电源等对变换器效率和功率密度要求非常高的应用场合，本章给出了高频 LLC 谐振变换器的工作原理、设计方法和实验验证。样机实物的功率密度达 25.8W/in³，远远超过设计指标要求。针对中小功率的应用场景，采用半桥式 LLC 谐振变换电路拓扑，二次整流用低导通电阻 MOSFET 代替常规肖特基整流/续流二极管，降低整流部分的功耗，从而提高变换器的效率。通过仿真验证，所设计的半桥式 LLC 谐振变换电路符合设计指标要求，样机实验验证了 LLC 谐振变换器可以实现 ZVS，通过损耗计算和温度监测，二次器件的温度明显高于一次器件的温度，可以在考虑成本的前提下，进一步降低二次整流管的损耗，提高变换器效率。本章为高效、高功率密度 LLC 变换器的创新实践提供了可参考的设计思路和实现路径。

第6章 功率因数校正电路的创新实践

在消费电子领域，为了降低对电网的冲击，85W以上容性负载用电器具要求配备功率因数校正（Power Factor Correction，PFC）功能，使其负载特性接近于阻性，本章将分析PFC电路的工作原理、设计方法、仿真分析和实物制作，提升消费电子产品的设计实践能力。

6.1 设计目标

对标商业化产品，设计制作一款PFC电路，如图6.1所示。规格要求见表6.1。

此外，还应设计输出过电压、欠电压保护，输出电压超过420V或低于360V时启动保护电路。可以采用新器件、新电路或者新的控制方法，鼓励自由创新。

图6.1 PFC电路产品

表6.1 PFC电路设计指标

输入电压	交流85～265V
输入电流总谐波畸变率	<10%
输出电压	直流380V
输出功率	350W
输出电压纹波	<10%
稳态电压精度	<5%
线性调整率	<5%
负载调整率	<5%
满载输出功率因数	>0.95
效率	≥80%

6.2 设计方案

6.2.1 电路拓扑设计

常见的 PFC 电路拓扑如图 6.2 所示，主要有无源和有源方法，有源又分为有桥和无桥的电路拓扑。

Boost 有源 PFC 主电路拓扑如图 6.2a 所示，理论上，电力电子电路的六种 DC-DC 变换拓扑（Buck、Boost、Buck-Boost、Cuk、Sepic、Flyback）都可以构成 PFC 电路，Boost PFC 电路具有以下优点：①输入电流连续，电磁干扰（EMI）小；②有输入电感，可减少对输入滤波器的要求，并可防止电网对主电路高频瞬态冲击；③开关器件的电压不超过输出电压；④可在国际标准规定的输入电压和频率变化范围内保持正常工作。

无桥 PFC 电路拓扑如图 6.2b 所示，无桥拓扑的优点是使用功率器件比较少，两个管子可以一起驱动，这简化了驱动电路的设计，但它同时存在几个问题：电流流向复杂而且不共地，电流采样困难，有较大的共模干扰。因此输入滤波器要仔细设计，不易于实现。

图 6.2c 是图腾柱 PFC 电路拓扑，这种拓扑的元器件数量少，效率高，功率密度高，但 PCB 布局会对电路性能影响很大，而且栅极驱动电路复杂。针对图腾柱 PFC，现在有一些国外公司在研制 GaN 和 SiC 高性能开关管，开关速度极快，没有体二极管反向恢复问题，但这些高性能器件尚未大规模普及。

图 6.2d 是一种无源的 PFC 电路，采用滤波电感的无源 PFC 电路结构简单，平均无故障时间长，无需设计控制环路（或选用控制芯片），工作量小，成本较低，而且能很大程度抑制 3 次以上的奇次谐波。但其带非额定负载能力差，电感易饱和，在应用中容易发热，也会产生频率比较低的噪声，器件占用面积大，器件本身也较重，缺点过于明显。

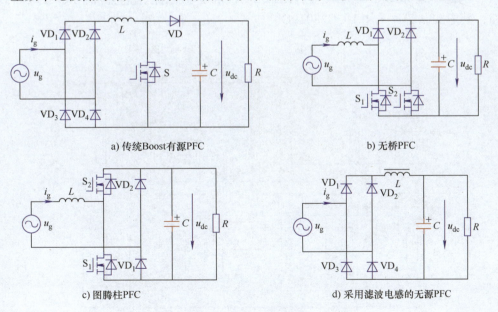

a) 传统Boost有源PFC　　　　　　　　　　　　b) 无桥PFC

c) 图腾柱PFC　　　　　　　　　　　　d) 采用滤波电感的无源PFC

图 6.2　PFC 电路拓扑

考虑到传统 Boost PFC 电路技术较为成熟，相关指导资料较为完善，且设计要求为当输入电压在 AC 85 ~ 265V 范围变化时，输出电压为 380V，输出电压大于输入电压且调压范围较大，所以选择传统 Boost PFC 主电路。

Boost PFC 电路的工作原理如图 6.3 所示，开关管闭合时，电感电流增加，电感储能，电容放电维持输出电压。开关管断开时，电感放电，与电源共同为负载供电。

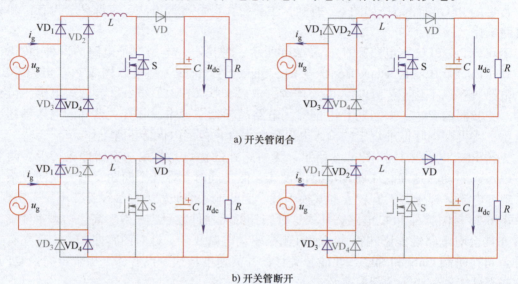

a) 开关管闭合

b) 开关管断开

图 6.3　Boost PFC 电路工作原理

6.2.2　元器件选型设计

PFC 电源框架如图 6.4 所示，包含 EMI 滤波和保护电路、整流桥、Boost 电路以及采样电路，其中控制芯片采用 UCC28019D。

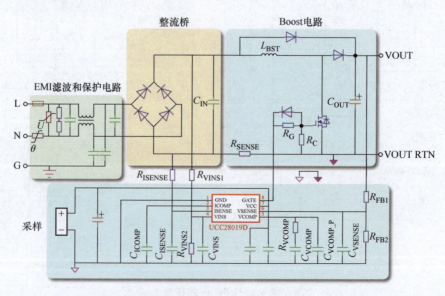

图 6.4　PFC 电源设计原理框图

1. 熔断器

熔断器（见图 6.5）是用铅锡合金或铅锑合金材料制成的，具有熔点低、电阻率高及熔断速度快的特点。正常情况下熔断器在开关电源中起到连接输入电路的作用。一旦发生过载或短路故障，使通过熔断器的电流超过熔断电流，熔断器被熔断，将输入电路切断，从而起到过电流保护作用。

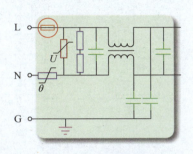

图 6.5　熔断器电路

自恢复熔断器，过电流时发热，电阻增大，与输入等效断开，冷却后电阻降低，可继续工作，不需要更换，广泛用于开关电源、电机、电热烘箱等连续运转的各类设备。

熔断器的额定电压指熔断器断开后能够承受的最大电压值，理论上应大于额定输入电压。

按照设计指标，计算额定直流输出电流 I_{out} 为

$$I_{out} = \frac{P_{out}}{U_{out}} = \frac{350\text{W}}{380\text{V}} = 0.921\text{A} \tag{6.1}$$

式中，P_{out} 为额定输出功率；U_{out} 为额定输出电压。

假定开关电源效率 η 为 90%，功率因数 PF 为 0.99，交流侧最大输入平均电流有效值 $I_{in\_rms(max)}$ 为

$$I_{in\_rms(max)} = \frac{P_{out}}{\eta U_{in(min)} \text{PF}} = \frac{350\text{W}}{0.9 \times 85\text{V} \times 0.99} = 4.62\text{A} \tag{6.2}$$

式中，$U_{in(min)}$ 为最小输入电压。

交流侧最大峰值电流 $I_{in\_peak(max)}$ 为

$$I_{in\_peak(max)} = \sqrt{2} I_{in\_rms(max)} = \sqrt{2} \times 4.62\text{A} = 6.53\text{A} \tag{6.3}$$

在最小输入电压 85V、效率 0.9、功率因数 0.99 的情况下，最大峰值电流为 6.53A，实际中，熔断器的电流取为 $I_{in\_rms(max)}$ 的 1.5～3 倍，通常取为 2 倍。据此，选取熔断器容量为 10A。

2. NTC 电阻

NTC 电阻（见图 6.6）是以氧化锰等为原料制造的精细半导体电子陶瓷元件。它的电阻值随温度升高而降低，且呈现非线性变化。为了抑制电子电路开机瞬间产生的浪涌电流，

在电源电路中串接一个功率型 NTC 电阻，在完成抑制浪涌电流后，在电流的持续作用下，NTC 电阻发热，阻值将下降到非常小的值，消耗的功率可以忽略不计，不影响正常工作电流。所以，在电源回路中使用功率型 NTC 电阻，抑制开机时的浪涌电流，是保证电子设备免遭破坏的最为简便而有效的措施。

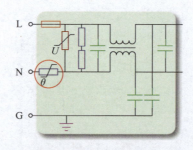

图 6.6　NTC 电阻电路

NTC 电阻的选择依据：①电阻的最大工作电流大于电源回路的工作电流；② $R \geqslant 1.414U_{\text{in(max)}}/I_{\text{m}}$，$I_{\text{m}}$ 为浪涌电流，取为额定电流的 100 倍。所以本设计选择额定电流 6A、5Ω 的 NTC5D-15 电阻。

3. 压敏电阻

压敏电阻（见图 6.7）是一种限压型保护器件。利用压敏电阻的非线性特性，当过电压出现在压敏电阻的两端时，可以被钳位到一个相对固定的电压值，从而实现对后级电路的保护。其主要作用是过电压保护、防雷、抑制浪涌电流、吸收尖峰脉冲、限幅、高压灭弧、消噪、保护半导体器件等。

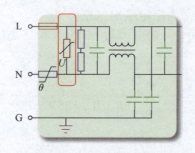

图 6.7　压敏电阻电路

压敏电阻与被保护的电气设备或元器件并联使用。当电路中出现雷电过电压或瞬态操作过电压 U_{s} 时，压敏电阻和被保护的设备及元器件同时承受 U_{s}，由于压敏电阻响应速度很快，它以纳秒级时间迅速呈现优良的非线性导电特性，此时压敏电阻两端电压迅速下降，远远小于 U_{s}，这样被保护的设备及元器件上实际承受的电压就远低于过电压 U_{s}，从而使设备及元器件免遭过电压的冲击。

压敏电阻虽能吸收大的浪涌电能，但不能承受毫安级以上的持续电流。一般选择标称压敏电压和通流容量两个参数。

压敏电压 U_{1mA} 是指压敏电阻流过直流 1mA 时的端电压。

$$U_{1mA} = \frac{a\sqrt{2}U_{in(max)}}{bc} \tag{6.4}$$

式中，a 为电路电压波动系数；b 为压敏电阻误差；c 为元件的老化系数。

按规定的时间间隔和次数，在压敏电阻上施加规定的标准电流波形冲击后，压敏电压变化率小于或等于技术条件中的规定值时，通过的最大电流值称为通流容量。在规定时间（波前 / 半峰值时间：8μs/20μs）内，允许通过脉冲电流的最大值。本设计选取压敏电阻耐压值为 430V，型号为 FNR-10K431。

4. EMI 滤波电路

电源线是干扰传入设备和传出设备的主要途径，通过电源线，电网的干扰可以传入设备，干扰设备的正常工作，同样设备产生的干扰也可能通过电源线传到电网上，干扰其他设备的正常工作，必须在设备的电源进线处加入 EMI 滤波电路。

EMI 滤波电路由安规电容和共模电感组成，如图 6.8 所示。安规电容分为 X 电容和 Y 电容。X 电容是指跨于相线和零线之间的电容，多选用耐纹波电流较大的聚酯薄膜类电容，体积较大，允许的瞬间充放电电流也很大，内阻相应较小，主要用于抑制差模干扰。若为单级 EMI 滤波电路，则选择 0.47μF 或 0.33μF 电容。Y 电容是指跨于相线和地线或者零线和地线之间的电容，主要用于抑制共模干扰，由于漏电流要求，Y 电容不能太大，总容值一般不超过 4700pF。

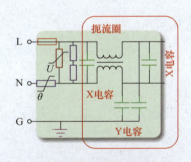

图 6.8　EMI 滤波电路

共模电感是两个线圈绕在同一铁心上，匝数和相位都相同（绕制方向相反）。正常电流（差模电流）在同相位绕制的电感线圈中会产生反向的磁场而相互抵消，故扼流圈不影响正常信号电流；共模电流会在线圈内产生同向的磁场而增大线圈的感抗，使线圈表现为高阻抗，产生较强的阻尼效果，以此衰减共模电流，抑制高速信号线产生的电磁波向外发射，达到滤波的目的。

共模电感用于抑制高速信号线产生的电磁波向外辐射发射。材料的选取原则从以下几个方面考虑：第一，磁心材料的频率范围要宽，要保证最高频率在 1GHz，即在很宽的频率范围内有比较稳定的磁导率；第二，磁导率高，但是在实际中很难满足这一要求，所以，磁导率往往是分段考虑的。磁心材料一般是铁氧体或者铁粉心，更好的材料如微晶等。

共模电感与 Y 电容构成 LC 滤波器，共模电感值 L_{EMI} 的计算公式如下：

$$L_{EMI} = \frac{1}{(2\pi f_0)^2 C_Y} \tag{6.5}$$

式中，f_0 为截止频率；C_Y 为 Y 电容的容值。

本设计中 X 电容选取 0.47μF，Y 电容选取 2200pF，滤波电感选取 5mH。

5. 整流桥和输入滤波电容

在 EMI 滤波后，必须把交流电转化为直流电输出，同时要对得到的直流电进行滤波处理。本设计中选用整流桥和滤波电容来实现该功能，如图 6.9 所示。

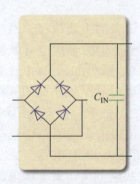

图 6.9　整流滤波电路

整流桥的耐压 U_d 应满足以下要求：

$$U_d = 2\sqrt{2}U_{in(max)} \tag{6.6}$$

式中，$U_{in(max)}$ 为最大输入电压值。

根据经验，整流桥的耐流 I_d 设计为 5 倍的输入电流最大有效值，计算公式如下：

$$I_d = \frac{5P_{out}}{\eta PF U_{in(min)}} \tag{6.7}$$

在满足要求的条件下，选择反向耐压为 800V 的整流桥 GBU808。

输入滤波电容的计算需要考虑输入电压纹波和电流纹波，控制芯片 UCC28019D 是电流连续导通模式，大的电感纹波电流对 CCM/DCM 的边界有影响，并在轻载时导致更大的总谐波畸变率。保证 20% 电感纹波电流、6% 输入电压纹波，电压纹波 U_{in_ripple} 和电流纹波 I_{ripple} 为

$$U_{in\_ripple(min)} = \sqrt{2}U_{in(min)}\Delta U_{in\_ripple} = 7.21V \tag{6.8}$$

$$I_{ripple} = \Delta I_{ripple}I_{in\_peak(max)} = 1.31A \tag{6.9}$$

式中，ΔU_{in_ripple} 为电压纹波系数，为 0.06；ΔI_{ripple} 为电流纹波系数，为 0.2。

输入滤波电容 C_{in} 计算为

$$C_{\text{in}} = \frac{I_{\text{ripple}}}{8 f_{\text{s}} U_{\text{in\_ripple(min)}}} = \frac{1.31\text{A}}{8 \times 65\text{kHz} \times 7.21\text{V}} = 0.349\mu\text{F} \qquad (6.10)$$

式中，f_{s} 为开关频率，取 65kHz。

本设计输入滤波电容选择 0.33μF/AC 275V 的安规电容。

6. 升压电感和整流二极管

升压电感取值取决于电感峰值电流大小，首先计算电感峰值电流为

$$I_{\text{l\_peak(max)}} = I_{\text{in\_peak(max)}} + \frac{I_{\text{ripple}}}{2} = 7.19\text{A} \qquad (6.11)$$

升压电感的最小值，依据最坏情况下的占空比 D 取 0.5 计算得到

$$L_{\text{bst(min)}} \geqslant \frac{U_{\text{out}} D(1-D)}{f_{\text{s}} I_{\text{ripple}}} = 1.12\text{mH} \qquad (6.12)$$

如图 6.10 所示，为防止大电流电感饱和，采用铁硅铝材料磁环，电感值取 1.25mH。

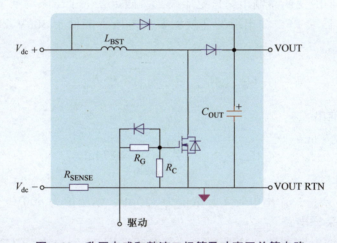

图 6.10　升压电感和整流二极管及功率开关管电路

最大占空比 D_{max} 在最小输入电压处取得，可以计算为

$$D_{\text{max}} = \frac{U_{\text{out}} - U_{\text{in\_rectified(min)}}}{U_{\text{out}}} \qquad (6.13)$$

$$U_{\text{in\_rectified(min)}} = \sqrt{2} U_{\text{in(min)}} \qquad (6.14)$$

式中，$U_{\text{in\_rectified(min)}}$ 为整流输出的最小电压。

输出整流二极管一般采用快恢复二极管、超快恢复二极管或肖特基二极管。肖特基二极管反向恢复时间极短，正向导通压降仅 1V 左右。这些优良特性是快恢复二极管所无法比拟的，适合作为开关电源中的低压整流管。碳化硅肖特基二极管反向恢复电流几乎为零，具有更低的开关损耗。

输出电压为380V，额定电流为0.9A，本设计选用额定电流为4A、反向击穿电压为600V的CSD04060A。

7. 功率开关管

功率开关管是重要元器件之一，开关电源拓扑不同，功率开关的电压和电流要求也不一样。开关电源中主要使用的功率开关管一种是双极型功率开关管，输出功率大，最早称作巨型晶体管；另一种是MOSFET。

在本设计中，由于输出功率仅为350W，开关频率达到65kHz。为了减小开关损耗、提升开关速度，采用MOSFET功率开关管。

计算流经MOSFET的有效值电流为

$$I_{\text{ds\_rms}} = \frac{P_{\text{out}}}{U_{\text{in\_rectified(min)}}}\sqrt{2 - \frac{16U_{\text{in\_rectified(min)}}}{3\pi U_{\text{out}}}} = 3.52\text{A} \tag{6.15}$$

MOSFET关断时承受输出电压380V，根据电流、电压要求并留有一定余量，本设计选取600V、20A的N沟道MOSFET器件SPP20N60。

8. 输出电容

输出电容的大小由变换器输出保持电压决定。假定在一个工频周期$T_{\text{holdup}} = 1/f_{\text{LINE(min)}}$内（$f_{\text{LINE(min)}} = 47\text{Hz}$），后端PFC输出级的变换器要求电压不能低于300V，即$U_{\text{out(min)}} = 300\text{V}$，电容的最小值$C_{\text{out(min)}}$为

$$\frac{1}{2}C_{\text{out(min)}}(U_{\text{out}}^2 - U_{\text{out(min)}}^2) \geq P_{\text{out}}T_{\text{holdup}} \tag{6.16}$$

由式（6.16）推出

$$C_{\text{out(min)}} \geq \frac{2P_{\text{out}}T_{\text{holdup}}}{U_{\text{out}}^2 - U_{\text{out(min)}}^2} = 274\mu\text{F} \tag{6.17}$$

一般留有20%余量，输出电容实际取值为330μF，耐压值为600V。

9. 控制芯片及采样电路

控制芯片及采样电路如图6.11所示，控制芯片选用TI公司的UCC28019D，采样电路包括输入电压采样电路、输入电流采样电路和输出电压采样电路。

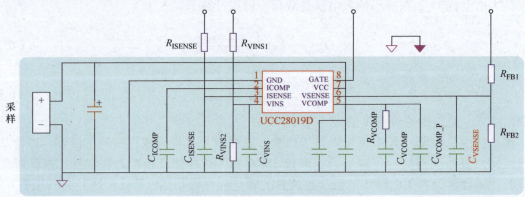

图 6.11　控制芯片及采样电路

控制芯片 UCC28019D 是一款 8 脚连续导电模式（CCM）PFC 控制芯片，与其他芯片相比，选用该芯片主要考虑：①该芯片不需要线路电压检测端，外部元器件数量少，电路布局简单，成功率高；②通用宽 AC 电压输入范围，AC 85 ~ 265V 输入电压在其范围内；③65kHz 固定工作频率，工作频率高，控制精度高；④输出过电压 / 欠电压保护、过电流保护、软启动等特性，可由外接电阻电容元件编程控制，安全性高，操作简便。

输入电压采样电路中，控制芯片的 VINS 引脚采集输入电压的分压值，引脚的正常输入电压在 0.8 ~ 1.6V 之间，当低于 0.8V 或高于 1.6V 时，将启动电压保护。

将 R_{VINS1} 连接到 VINS 引脚，可以避免过度的功率损耗。VINS 引脚极低的偏置电流意味着 R_{VINS1} 可为几百欧姆，出于实际考虑，通常选择小于 10MΩ 的阻值。假设分压电阻中的电流大约是输入偏置电流的 150 倍，这使得 R_{VINS1} 小于 10MΩ，以避免过度的噪声，还能保持较低的功耗。当输入跌落到用户编程设置的最小电压 $U_{AC(off)}$ 时，掉电保护会关闭栅极驱动。当输入上升到 $U_{AC(on)}$ 之后，驱动会再打开。

采样电阻 R_{VINS1} 和 R_{VINS2} 的取值计算如下：

$$R_{VINS1} = \frac{\sqrt{2}U_{AC(on)} - U_{F\_BRIDGE} - U_{insenable\_th(max)}}{I_{VINS}} \tag{6.18}$$

$$R_{VINS2} = \frac{U_{insenalble\_th(max)}R_{VINS1}}{\sqrt{2}U_{AC(on)} - U_{F\_BRIDGE} - U_{insenable\_th(max)}} \tag{6.19}$$

式中，I_{VINS} 为采样电路电流，取 $I_{VINS} = 150I_{VINS\_0V} = 15\mu A$；$U_{F\_BRIDGE}$ 为整流桥的压降；$U_{insenable\_th(max)}$ 为控制芯片正常工作的最高阈值电压；$U_{AC(on)} = 75V$，$U_{AC(off)} = 65V$。

由式（6.18）计算得到 $R_{VINS1} = 6.9MΩ$，选择 6.5MΩ 的电阻，由式（6.19）计算得到 $R_{VINS2} = 100kΩ$。

VINS 引脚的电容 C_{VINS} 根据其放电时间大于输入电容的保持时间来整定。C_{out} 已经通过单周期保持时间来选择，C_{VINS} 的选择将满足 2.5 个半功率周期。

电容 C_{VINS} 的计算如下：

$$C_{VINS} = \frac{-t_{CVINS\_dischrg}}{R_{VINS2}\ln\left[\frac{U_{ins\_th(min)}}{0.9U_{in(min)}\frac{R_{VINS2}}{R_{VINS1}+R_{VINS2}}}\right]} \tag{6.20}$$

$$t_{CVINS\_dischrg} = \frac{N_{half\_cycles}}{2f_{LINE(min)}} \tag{6.21}$$

式中，$t_{CVINS\_dischrg}$ 为放电时间；$U_{ins\_th(min)}$ 为掉电保护的最小电压，取 0.76V；N_{half_cycles} 为半功率周期数，取 2.5；$f_{LINE(min)}$ 为最小电源频率，取 47Hz。

由式（6.21）计算得到 $t_{CVINS\_dischrg} = 25.6ms$，式（6.20）计算得到 $C_{VINS} = 0.63\mu F$。

输入电流采样电路中，为了兼容控制芯片内部非线性功率限制的增益，利用 ISENSE 引脚最小的软过电流（SOC）阈值 U_{soc} 确定合适大小的采样电阻来触发 25% 及以上（超过最大电感峰值电流的 125% 以上）的过电流保护。采样电阻两端电压超过阈值电压 U_{soc}，过电流保护启动，器件将关闭，停止工作。采样电阻的阻值计算如下：

$$R_{\text{ISENSE}} = \frac{U_{\text{soc}}}{I_{\text{l\_peak(max)}} \times 1.25} = 0.0735\Omega \tag{6.22}$$

实际采样电阻选用三个 0.2Ω 电阻并联，并联阻值为 0.067Ω，额定负载，每个采样电阻消耗功率计算如下：

$$P_{\text{RISENSE}} = \frac{I_{\text{in\_rms(max)}}^2 R_{\text{ISENSE}}}{3} = 0.48\text{W} \tag{6.23}$$

所以采样电阻选用三个额定功率 1W、阻值 0.2Ω 的采样电阻并联。

输出电压分压采样电路中，为了降低功耗，并减小电压设置点带来的误差，推荐使用 $1\text{M}\Omega$ 的电阻作为顶部电压反馈的分压电阻 R_{FB1}。由于每个电阻所允许的电压比较低，采用多个电阻串联的形式。采用内部 5V 电压为参考电压 U_{REF}，底部分压电阻 R_{FB2} 计算为

$$R_{\text{FB2}} = \frac{U_{\text{REF}} R_{\text{FB1}}}{U_{\text{out}} - U_{\text{REF}}} \tag{6.24}$$

在 VSENSE 引脚必须加一个小的电容，以滤除噪声。所构成 RC 滤波的时间常数要小于 0.1ms，以保证不能明显降低输出电压偏差调节的响应时间，这个因素限制了滤波电容的取值。为实现噪声最小化，可以采用 0.01ms 的 RC 时间常数，所以需要的电容为

$$C_{\text{VSENSE}} = \frac{0.01\text{ms}}{R_{\text{FB2}}} \tag{6.25}$$

本设计采用一个 $13\text{k}\Omega$ 的滑动变阻器，方便反馈调节，在 R_{FB2} 旁并联一个 769pF 的电容。

当 U_{out} 超过其额定值 5% 时，过电压保护启动，其额定设置点为

$$U_{\text{out\_ovp}} = U_{\text{sense\_ovp}} \frac{R_{\text{FB1}} + R_{\text{FB2}}}{R_{\text{FB2}}} \tag{6.26}$$

式中，$U_{\text{sense\_ovp}}$ 为电路中反馈的过电压保护电压值。

当 U_{out} 跌落其额定值 5% 时，欠电压保护启动，其额定设置点为

$$U_{\text{out\_uvp}} = U_{\text{sense\_uvp}} \frac{R_{\text{FB1}} + R_{\text{FB2}}}{R_{\text{FB2}}} \tag{6.27}$$

式中，$U_{\text{sense\_uvp}}$ 为电路中反馈的欠电压保护电压值。

10. 环路补偿

对于 UCC28019A 来说，环路补偿元件的选择，包括电流环和电压环。在 TI 官网 UCC28019A 的产品说明中，有一个工具栏，可以找到 UCC28019A 的设计计算指导手册。

电流环的补偿首先要根据内环控制常数 K_1 和 K_{FQ} 确定内环变量 M_1M_2：

$$M_1M_2 = \frac{I_{out}U_{out}^2 R_{isense} K_1}{\eta^2 U_{in}^2 K_{FQ}} \tag{6.28}$$

式中，$K_1 = 7$，$K_{FQ} = \dfrac{1}{f_s}$，计算得到 $M_1M_2 = 0.374\text{V/μs}$。

对于给定的 $M_1M_2 = 0.374\text{V/μs}$，VCOMP 近似等于 4V，如图 6.12 所示。

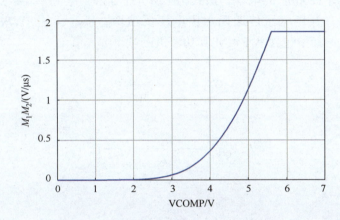

图 6.12　M_1M_2 和 VCOMP 之间的关系

对于独立的环路因子，M_1 为电流环的增益因子，M_2 为电压环 PWM 的斜率。M_1 依据下面的条件计算：

0V < VCOMP < 2V，$M_1 = 0.064$

2V ≤ VCOMP < 3V，$M_1 = 0.139\text{VCOMP} - 0.214$

3V ≤ VCOMP < 5.5V，$M_1 = 0.279\text{VCOMP} - 0.632$

5.5V ≤ VCOMP < 7V，$M_1 = 0.903$

M_2 依据下面的条件计算：

0V < VCOMP < 1.5V，$M_2 = 0\text{V/μs}$

1.5V ≤ VCOMP < 5.6V，$M_2 = 0.1223 \times (\text{VCOMP} - 1.5) \times 2\text{V/μs}$

5.6V ≤ VCOMP < 7V，$M_2 = 2.056\text{V/μs}$

当 VCOMP = 4V 时，计算得到 $M_1 = 0.484$，$M_2 = 0.764\text{V/μs}$。

验证独立增益因子的乘积是否近似等于由上面确定的 M_1M_2，如果不对，重新选择 VCOMP 并重新计算 M_1 和 M_2，如式（6.29）所示，结果与上面确定的 M_1M_2 的值近似。

$$M_1M_2 = 0.484 \times 0.764\,\text{V/μs} = 0.37\,\text{V/μs} \tag{6.29}$$

下面计算非线性增益变量 M_3，依据以下条件计算：

0V < VCOMP < 3V，$M_3 = 0.051\text{VCOMP}2 - 0.1543\text{VCOMP} - 0.1167$

3V ≤ VCOMP < 7V，$M_3 = 0.1026\text{VCOMP}2 - 0.3596\text{VCOMP} + 0.3085$

当 VCOMP = 4V 时，VCOMP2 = 42V，计算得到 $M_3 = 0.512$。

电流补偿环中，电流平均极点的频率 f_{IAVG} 选择为接近 9.5kHz。图 6.11 中的 ICOMP 引脚所需要的电容 C_{ICOMP} 由内部电路放大器的跨导 g_{mi} 决定：

$$C_{ICOMP} = \frac{g_{mi} M_1}{K_1 2\pi f_{IAVG}} \qquad (6.30)$$

式中，$g_{mi} = 0.95\text{mS}$，计算得到 $C_{ICOMP} = 1100\text{pF}$。

实际 C_{ICOMP} 选用 1200pF 的电容，由式（6.30）计算得到电流平均极点频率为 8.7kHz。

电压补偿环中，开环电压传递函数由电压反馈增益 G_{FB} 和从 PWM 到功率级的增益 G_{PWM_PS} 的乘积构成，其中包含从 PWM 到功率级的频率 f_{PWM_PS}。

$$G_{FB} = \frac{R_{FB2}}{R_{FB1} + R_{FB2}} \qquad (6.31)$$

$$f_{PWM\_PS} = \frac{1}{2\pi \dfrac{K_1 R_{sense} U_{out}^3 C_{out}}{K_{FQ} M_1 M_2 U_{in}^2}} \qquad (6.32)$$

从开环电压传递函数，以及设计计算手册，开环电压传递函数在 10Hz 处近似为 0.667dB。估计并联电容 C_{VCOMP_P} 比串联电容 C_{VCOMP} 小得多，电压环的交叉频率 f_V 期望被配置到 10Hz 处，在 f_V 处将为单位增益，零点将出现在 f_{PWM_PS}，串联补偿电容可以决定为

$$C_{VCOMP} = \frac{g_{mv} \dfrac{f_V}{f_{PWM\_PS}}}{2\pi f_V 10^{\frac{G_{VLdB}(s)}{20}}} \qquad (6.33)$$

式中，g_{mv} 为电压环路内部跨导，取 42μS；$G_{VLdB}(s)$ 为开环电压传递函数，在 10Hz 处取 0.667dB，计算得到 $C_{VCOMP} = 3.92\text{μF}$。

实际电路中，C_{VCOMP} 选用 3.3μF 的电容，则 R_{VCOMP} 计算如下：

$$R_{VCOMP} = \frac{1}{2\pi f_{ZERO} C_{VCOMP}} \qquad (6.34)$$

式中，f_{ZERO} 为开环电压传递函数中的一个零点频率，取 1.581Hz。

由式（6.34）计算得到 $R_{VCOMP} = 30.51\text{k}\Omega$，选择 33.2kΩ 的电阻作为 R_{VCOMP}，并联电容 C_{VCOMP_P} 计算如下：

$$C_{VCOMP\_P} = \frac{C_{VCOMP}}{2\pi f_{POLE} R_{VCOMP} C_{VCOMP} - 1} \qquad (6.35)$$

式中，f_{POLE} 为开环电压传递函数中的一个极点频率，取 20Hz。

由式（6.35）计算得到 $C_{VCOMP\_P} = 0.258\text{μF}$，实际中选用 0.22μF 的电容。

6.3　实践效果

6.3.1　仿真结果与分析

　　PSIM 具有仿真高速、用户界面友好、波形解析等优点，为电力电子电路的解析、控制系统设计、电机驱动研究等提供强有力的仿真环境。基于 PSIM 的易操作性和易实现性及其在电力电子仿真中的强大功能，本实验设计利用 PSIM 软件进行仿真验证。

　　在图 6.13 中可以看到，仿真时用 UC3854 芯片代替了 UCC28019D 芯片。这主要是因为 UC3854 与 UCC28019D 芯片的工作原理类似，并且在 PSIM 里面有 UC3854 芯片的原理图，可以方便采用。

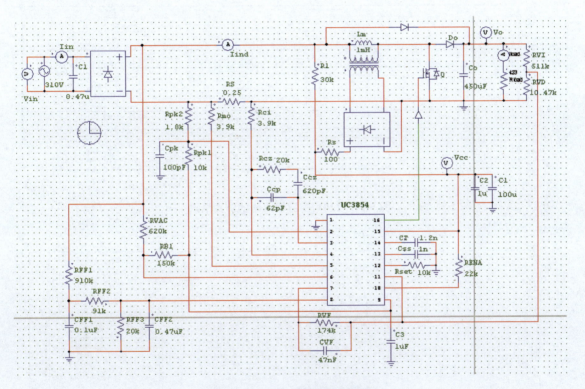

图 6.13　PFC 电路仿真原理图

　　图 6.14 所示为输入电压为交流 220V 时的仿真结果，其中 V_{in} 为输入交流电压，I_{in} 为输入交流电流，I_{lind} 为经过整流的电流，V_o 为输出电压，I_2 为输出电流。从仿真波形可以看出，电路在启动时电流有很大的冲击，达到了将近 200A，这是因为在上电瞬间，通过快恢复二极管对输出电容充电的结果，由于该仿真软件中没有 NTC 电阻，所以无法限制冲击电流。在实际电路中，交流输入端串入了 NTC 电阻，可以显著减小启动冲击电流。达到稳态时，可以看出输出电压保持在 DC 380V，输出电流维持在 0.9A，满足设计要求。

　　对输入电压和输入电流进行功率因数计算，如图 6.15 所示，可以看出，在仿真条件下，功率因数达到了 99% 以上。输入电流谐波计算如图 6.16 所示，总谐波含量小于 10%。效率的测量如图 6.17 所示，可以看到效率达到了 99% 以上。功率因数和效率都接近于 1 的原因是在仿真条件下，器件都是理想的，基本没有任何损耗。

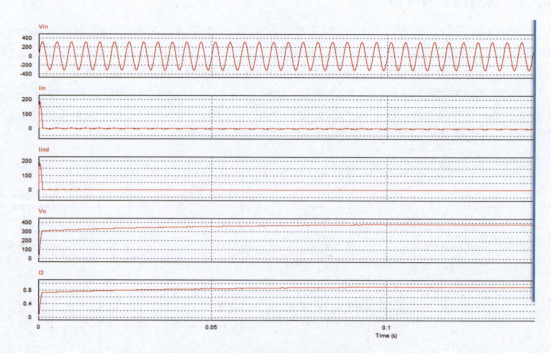

图 6.14　220V 交流输入时的仿真结果

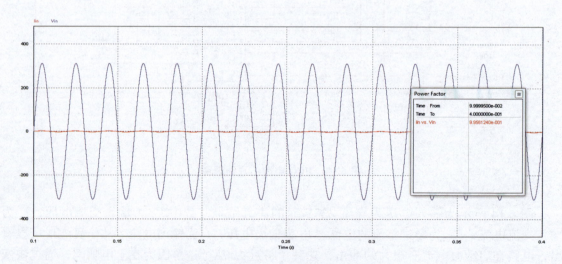

图 6.15　220V 交流输入时的功率因数

图 6.18 所示为输入电压幅值为 180V 时的仿真结果，可以看出，输出电压也可稳定在 380V，输出电流也在 0.9A。从图 6.19 可以看出，功率因数达到 99% 以上，但从图 6.20 得到输入电流谐波含量为 13%。

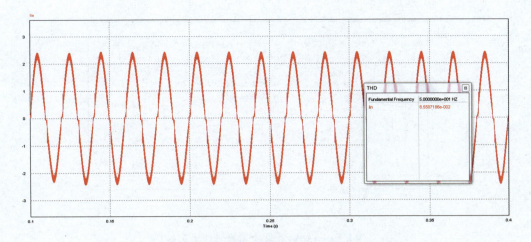

图 6.16　220V 交流输入时的输入电流总谐波畸变率

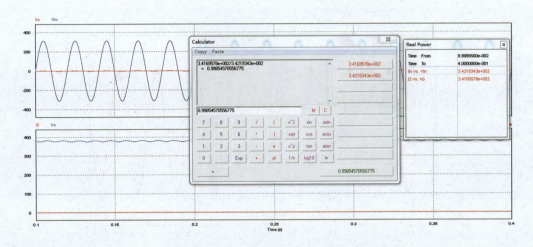

图 6.17　220V 交流输入时的效率测量

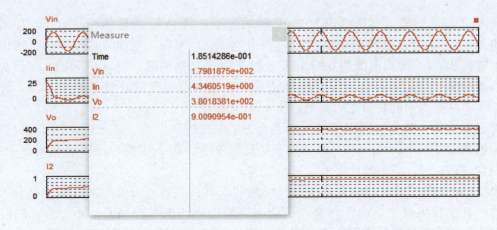

图 6.18　180V 交流输入时的输入电压、电流波形和输出电压、电流波形

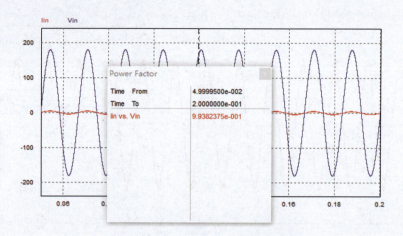

图 6.19　180V 交流输入时的功率因数

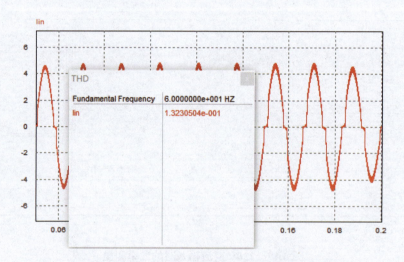

图 6.20　180V 交流输入时的输入电流总谐波畸变率

　　图 6.21 所示为输入电压幅值为 350V 时的波形,其中 V_{in} 为输入交流电压,I_{in} 为输入交流电流,I_{lind} 为经过整流的电流,V_o 为输出电压,I_2 为输出电流,可以看出,输出电压同样保持在 380V,输出电流为 0.9A。图 6.22 为测试功率因数,图 6.23 为输入电流总谐波畸变率的结果,可以看出,功率因数 99% 以上,输入电流总谐波畸变率为 7.7%,降到了10% 以下,这是因为此时将主电路电感从 1mH 增大到了 2.5mH。

　　综合上述仿真波形,可以得到,基于 UC3854 的 PFC 电路,在 PSIM 中仿真时,输入电压幅值为 220V、180V、350V 时,效率可达到 99%,输入电流总谐波畸变率小于 10%,功率因数达到 0.99,满足设计要求。

　　PSIM 建立模型仿真的结果证明设计电路的正确性,对开关电源实物制作具有一定的指导性。在采样电路中,由于仿真和实物制作所用到的电源控制芯片不一样,因此具体PFC 性能参数还是要看具体制作的实物。

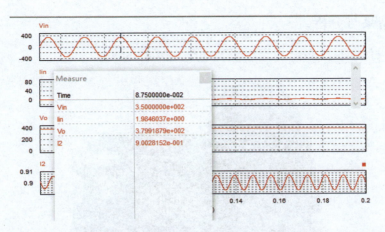

图 6.21　350V 交流输入时的输入电压、电流波形和输出电压、电流波形

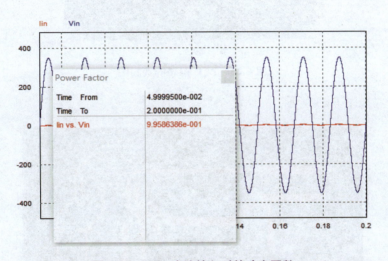

图 6.22　350V 交流输入时的功率因数

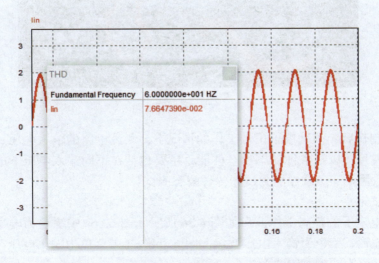

图 6.23　350V 交流输入时的输入电流总谐波畸变率

6.3.2 实验结果与分析

根据前述设计，制作 PFC 电路样机，如图 6.24 所示。

图 6.24　PFC 电路的实物图

PCB 的布局如图 6.25 所示。

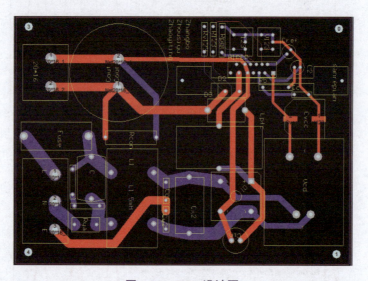

图 6.25　PCB 设计图

完成硬件制作后，调试板子正常工作的情况下，测试电路的输入电压、电流波形和输出电压、电流波形，以及各种动态稳态性能，主要包括在不同输入电压下的输入电流波形测试、功率因数测试、负载性能测试和各种瞬态测试。

1. 稳态测试

不同输入电压下的稳态工作波形如图 6.26 所示，图 6.26a 中绿色为输出电压波形、黄色为输入电流波形、紫色为输入电压波形。图 6.26b ~ f 中紫色为输出电压波形、绿色为输入电流波形、黄色为输入电压波形。

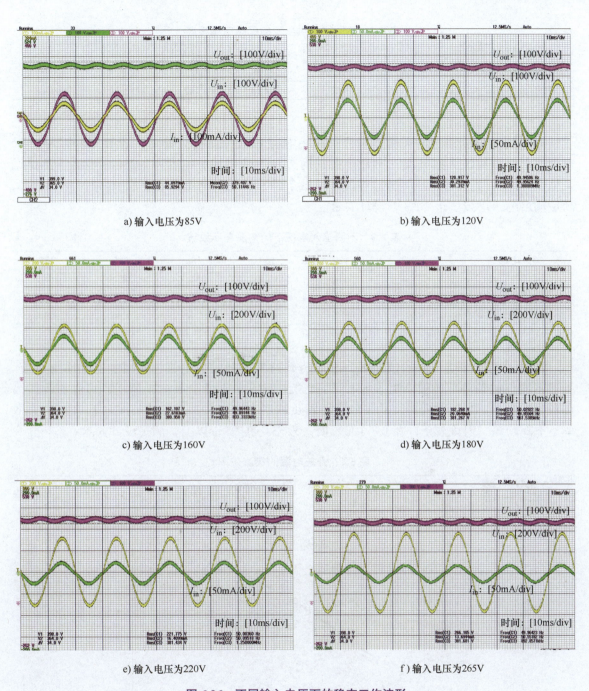

a) 输入电压为85V

b) 输入电压为120V

c) 输入电压为160V

d) 输入电压为180V

e) 输入电压为220V

f) 输入电压为265V

图 6.26 不同输入电压下的稳态工作波形

（1）稳态电压精度

本设计中的电压采样环节使用了可调电阻，在 220V 输入的情况下调节输出电压为 380V，然后固定滑动变阻器阻值，从而提高额定输入时的输出稳态电压精度。表 6.2 列出了不同输入电压下的稳态电压精度，可以得出，在不同交流电压输入的情况下，输出电压均能稳定在 381V 左右，稳态电压误差最大为 4.47‰，远小于设计要求 5%。

表 6.2　不同输入电压下的稳态电压精度

输入电压 /V	85	120	160	180	220	265
输出电压 /V	379.4	381.3	381.0	381.3	381.4	381.7
稳态电压误差（‰）	1.58	3.42	2.63	3.42	2.44	4.47

（2）电压纹波

电压纹波可以通过增大输出电容，减小电容 ESR 来降低。此外，若 Boost 电感饱和，也会引起电压纹波大幅升高。本设计中选用 270μF 输出滤波电容和 1.25mH 电感，测试结果见表 6.3。可见纹波电压百分比在额定负载条件下、输入电压在规定范围内时均小于 5%，满足输出电压纹波小于 10% 的设计要求。

表 6.3　不同输入电压下的实测电压纹波

输入电压 /V	85	120	160	180	220	265
输出电压 /V	379.4	381.3	381.0	381.3	381.4	381.7
电压纹波 /V	14	17	17	17	17	17
纹波百分比（%）	3.67	4.46	4.46	4.46	4.46	4.45

（3）效率

在输入电压保持一致的情况下，改变负载条件测量输入电流、输出电压和输出电流。测得不同负载条件下的效率见表 6.4，由此绘制的效率曲线如图 6.27 所示，可以看出，当负载条件在 0 ~ 75% 之间时，功率效率随着负载增大而增大，当负载条件大于 75% 时，效率呈下降趋势，但负载条件在 0 ~ 100% 时，效率均在 95% 以上，满足设计要求。

表 6.4　开关电源的实测效率

负载条件	10%	25%	50%	75%	100%
效率	95.7%	96.4%	96.8%	97.1%	96.3%

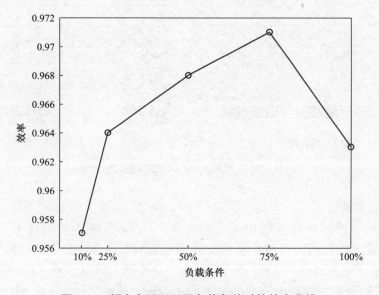

图 6.27　额定电压下不同负载条件时的效率曲线

（4）线性调整率

输出负载为额定负载，在输入电压全范围内测量输出电压。由表 6.2 的数据可计算得到线性调整率为

$$\frac{U_{o(max)} - U_{o(min)}}{U_{nor}} = 0.6\% \qquad (6.36)$$

式中，$U_{o(max)}$ 为最大输出电压；$U_{o(min)}$ 为最小输出电压；U_{nor} 为额定输出电压。

（5）输入电流总谐波畸变率

设定负载为额定负载，调整输入电压分别为 265V、220V、180V、160V、120V、85V，并分别保存示波器电流波形数据，导入 MATLAB 进行 FFT 分析，如图 6.28 所示，计算谐波成分和总谐波畸变率大小。结果汇总见表 6.5，输入电压为 265V 时总谐波畸变率最大，为 8.87%，额定输入电压 220V 时总谐波畸变率为 8.45%。由图 6.29 可知，输入电压越低，总谐波畸变率越小。该电路在所有测试条件下均符合总谐波畸变率小于 10% 的要求。

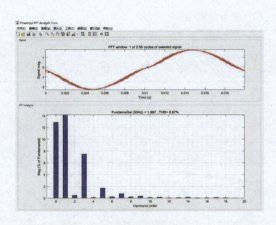

a) 输入电压为265V

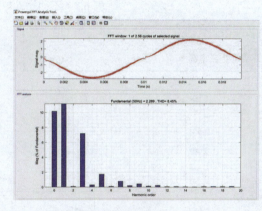

b) 输入电压为220V

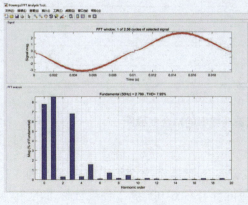

c) 输入电压为180V

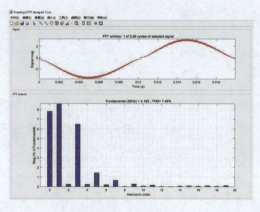

d) 输入电压为160V

图 6.28　不同输入电压下的总谐波畸变率

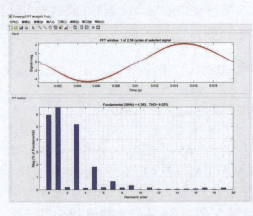 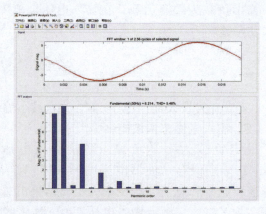

e) 输入电压为120V　　　　　　　　　　　f) 输入电压为85V

图 6.28　不同输入电压下的总谐波畸变率（续）

表 6.5　不同输入电压下的总谐波畸变率

输入电压 /V	85	120	160	180	220	265
总谐波畸变率（%）	5.46	6.02	7.49	7.95	8.45	8.87

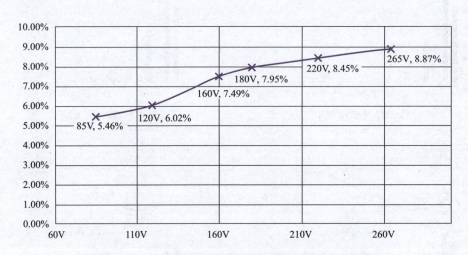

图 6.29　不同输入电压下总谐波畸变率的拟合曲线图

　　在额定输入输出条件下分析可知，高次谐波分量主要是奇次谐波，其中主要为 3 次谐波和 5 次谐波，其占比分别约为 7% 和 2%，分别符合 IEC 61000-3-2 合规性标准的 30% 和 10%。另外，因为输入信号为周期信号，其平均值上下方的波形基本对称，故偶次谐波基本被相互抵消。本设计中偶次谐波均小于 1‰。

（6）功率因数

通过交流电压源平台，记录了 85V、120V、160V、180V、220V、265V 不同输入电压下的功率因数，结果汇总见表 6.6，均满足设计要求。另外，该结果也满足式（6.37）。

$$PF = \frac{1}{\sqrt{1+(THD)^2}} \cos\varphi \qquad (6.37)$$

表 6.6　不同输入电压下的功率因数

输入电压 /V	85	120	160	180	220	265
功率因数	1.00	1.00	1.00	0.99	0.99	0.99

2. 动态测试

（1）启动测试

输入为交流 220V，额定负载下启动时的输出电压波形如图 6.30、图 6.31 所示，启动波形开始阶段是通过二极管直接给输出电容充电，该过程由于只有导线电阻，故时间常数较短，充电速度较快，当输出电压到 310V 左右时，芯片开始工作，输出电压逐渐上升至给定值（380V）。Boost 型 PFC 升压过程是一个波动上升的过程，大多书籍采用小纹波近似后将该波形画成锯齿波形状，实际电路启动波形应该是正弦波动形式。升压趋势理论与实际相符。

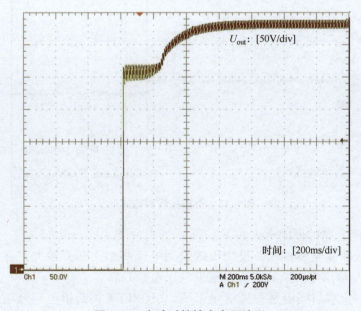

图 6.30　启动时的输出电压波形

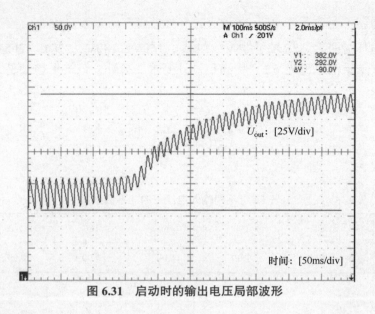

图 6.31　启动时的输出电压局部波形

（2）负载切换测试

输入为交流 220V，负载由额定负载切至半载，实验结果如图 6.32 所示，通道 1 的黄色波形为输出电压波形，通道 3 的紫色波形为负载电流波形。从额定负载投切到 50% 负载，投切瞬间负载电流减小，所以消耗能量减少，而电感存储能量不变。

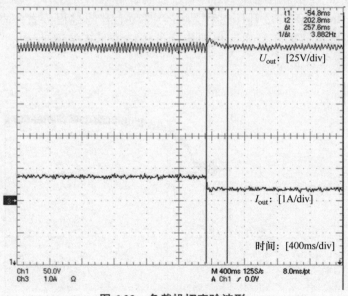

图 6.32　负载投切实验波形

输出电压瞬间升高的原因考虑如下：

1）由于升压滤波电感存在，投切负载瞬间电流减半，$\mathrm{d}i/\mathrm{d}t$ 较大，在电感上感应出电压，该电压极性与输出电压一致，所以输出电压短暂升高。

2）由于投切负载瞬间电感存储能量不变，MOSFET 关断给电容充电时，多余的电感能量存储到电容上面，所以电容电压也会出现短暂上升的现象。

输出电压上升后，芯片通过 Vsense 引脚进行电压检测，改变栅极驱动信号占空比，调节输出电压，并在 200ms 内迅速重新稳定到额定输出电压。

6.4　本章小结

针对消费电子产品电源的供电质量要求，本章给出了 PFC 电路的工作原理、设计，电路拓扑选择传统 BoostPFC 电路，该拓扑经过长期验证，具备完善的设计方法论，在本设计 AC 85 ~ 265V 宽范围输入电压的要求下，其升压特性可确保最低输入电压下的稳定工作，且相较于其他 PFC 拓扑，该拓扑在输出电压动态调节范围与系统效率之间实现了工程最优平衡。本章制作了基于 UCC28019D 控制芯片的 Boost PFC 变换器，包括对参数计算、元器件选型、PCB 电路图绘制、元器件焊接、系统调试等工作，控制器在平均电流模式控制下运行，开关频率为 65kHz。使用简单的外部电流和电压回路补偿，以及完善的保护功能，该装置结构简单，成本较低，效率较高，PFC 效果良好。本章阐述了 PFC 电路的创新实践路径，为消费电子产品的创新实践提供可借鉴、可操作的参考范例。

第 7 章 单相逆变器的创新实践

面向单相系统中的光伏和储能逆变器，本章介绍了逆变器的电路拓扑、控制方法、设计规律、仿真方法和硬件电路，以及单相逆变器的设计方法，提升逆变器产品的创新实践能力。

7.1 设计目标

设计一款单相逆变器，如图 7.1 所示，规格要求见表 7.1。

图 7.1 单相逆变器产品

表 7.1 单相逆变器的规格要求

输入电压	直流 350 ~ 400V
输入电流纹波	< 20%
输出电压	交流 220（1 ± 1%）V
输出功率	500V · A
输出频率	50（1 ± 0.1%）Hz
满载输出电压总谐波畸变率	< 5%
效率	≥ 94%

此外，在控制界面与显示、直流功率解耦、并网等方面，可以自主创新。电路拓扑不限，数字控制或模拟控制均可，尽可能提高效率和功率密度。

7.2　设计方案

7.2.1　电路拓扑设计

单相全桥为经典电路，如图 7.2 所示，控制技术比较成熟，直流端电压无需升高太多，对元器件的各项要求较低，这一拓扑现在占相当大的部分，但由于其用的开关管较多，整体效率不会太高，采用双极性调制的最高效率在 95% 左右。

双 Buck 逆变器是指两个 Buck 电路的反并联，且互补工作，如图 7.3 所示。在电路稳态运行时，可以分别以简单的 Buck 电路理论对两个桥臂电路进行分析，得到输入输出电压的关系。

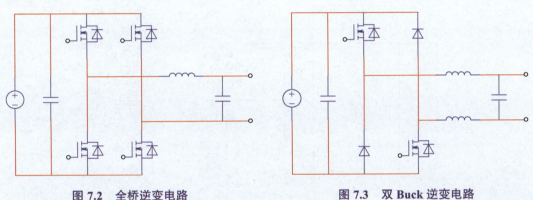

图 7.2　全桥逆变电路　　　　　　　　　　图 7.3　双 Buck 逆变电路

半桥三电平二极管钳位式逆变器，如图 7.4 所示，较传统半桥逆变器增加了两组辅助开关管和两个辅助二极管，可以实现 0、$1/2U_{dc}$、$-1/2U_{dc}$ 三个电平，与两电平逆变器相比，其输出电压的谐波含量可以大幅度降低，且每个开关管的电压应力降低为输入电压的一半，因此效率得以提高。在控制方面，较传统的两电平拓扑有了更高的自由度，衍生出新的控制算法，据文献研究表明，此拓扑的最大效率在 95% 以上。

带交流旁路的全桥逆变器，在交流端并联一对串联的开关管，通过这两个管子的续流，使得全桥上流过电流的调制开关的正向电压由 U_{dc} 降低为 $1/2U_{dc}$，减小了开关管的损耗，如图 7.5 所示。同时，这一拓扑采用双极性 PWM 调制的输出波形，与全桥拓扑采用单极性 PWM 调制的输出波形一致，有效地抑制了电流纹波，减小了滤波电感上的损耗，这一拓扑的最高效率为 96.3%。这种拓扑和下面将提到的带直流旁路的全桥逆变拓扑，均可称为 H6 拓扑，且在市场上得到了一定程度的应用。

带直流旁路的全桥逆变器，如图 7.6 所示，$S_1 \sim S_4$ 均工作在电网频率，S_5 和 S_6 工作在开关频率，由反并联二极管 VD_7、VD_8 和电容的钳位作用，S_5 和 S_6 的开关电压为 $1/2V_{dc}$，开关损耗得到降低，加上 $S_1 \sim S_4$ 调制实现 ZCS，进一步减小了损耗，其输出电压也与单极性调制的全桥拓扑相同，抑制了电流纹波，减小了损耗，这一拓扑的最大效率能达 97.4%。

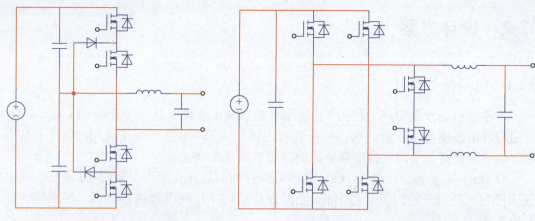

图 7.4 半桥三电平逆变电路   图 7.5 带交流旁路的全桥逆变电路

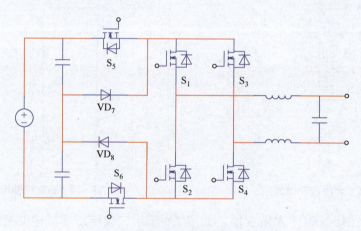

图 7.6 带直流旁路的全桥逆变电路

考虑到逆变电路拓扑的复杂程度、控制策略的实现以及对开关器件性能的要求和实现成本，本次设计选择了经典的单相全桥型拓扑作为逆变主电路，输出侧接入 LC 滤波器滤除高频谐波，其对应的电路拓扑如图 7.2 所示。

同时为了尽可能减小输出滤波器的体积，提高单相逆变器的功率密度，本设计选择了开关频率 $f_s = 20 \text{kHz}$，并采用了单极倍频调制策略，等效倍化了开关频率，提高了输出滤波器的截止频率。

控制结构方面，为保证逆变输出电压无静差，提高动态性能，控制结构为准比例谐振（准 PR）电压控制外环加比例积分电流控制内环。

7.2.2 元器件选型设计

全桥逆变电路主要由直流侧滤波电路、MOSFET 构成的全桥电路和 RCD 缓冲吸收电路构成，电路原理图⊖如图 7.7 所示。

───────────────

⊖ 本节的电路原理图均采用 Altium Designer 软件设计。

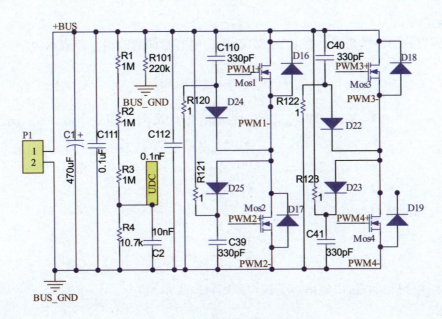

图 7.7　单相全桥逆变电路原理图

1. 直流输入电路

单相逆变器的直流母线存在二倍频功率脉动，如图 7.8 所示。

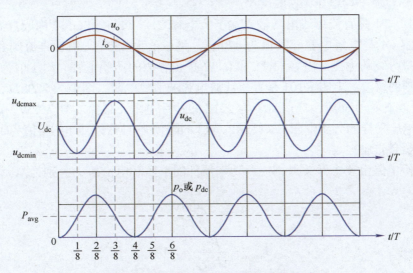

图 7.8　单相逆变器的直流母线功率脉动

从逆变器的角度来看，由功率平衡可知，在一个周期 T 内，直流电容将经历两次充放电过程。在区间 $[T/8, 3T/8]$ 内，电容功率 $p_{dc} > P_{avg}$，电解电容充电，充入的能量为

$$\Delta E = \frac{1}{2}\int_{3T/8}^{T/8}[p_{dc}(t) - P_{avg}]dt = -\int_{3T/8}^{T/8}P_{avg}\cos(2\omega t)dt = \frac{P_{avg}}{\omega} \tag{7.1}$$

式中，ΔE 为电容中存储的能量；p_{dc} 为直流电容功率；P_{avg} 为平均功率；ω 为电网频率。

式（7.1）表明，电解电容上充放的能量与电网频率直接相关，电网频率越低，电容上

127

脉动的能量越大。

从电容自身的特性来看，在 [$T/8$, $3T/8$] 内，电容存储的能量可以表示为

$$\Delta E = \frac{1}{2} C_{dc}(u_{dcmax}^2 - u_{dcmin}^2) \tag{7.2}$$

式中，C_{dc} 为直流电容；u_{dcmax} 和 u_{dcmin} 分别为电容电压最大值和最小值。取 u_{dc} 的平均值为 U_{dc}：

$$U_{dc} = \frac{1}{2}(u_{dcmax} + u_{dcmin}) \tag{7.3}$$

u_{dc} 的纹波幅值定义为

$$\Delta u_{dc} = \frac{1}{2}(u_{dcmax} - u_{dcmin}) \tag{7.4}$$

结合上述分析，直流电解电容的选取原则可以表示为

$$C_{dc} = \frac{P_{avg}}{2\omega \Delta u_{dc} U_{dc}} \tag{7.5}$$

在给定的直流功率 P_{avg} 和电网频率 ω 的条件下，直流滤波电容的大小与直流电压的脉动大小 Δu_{dc} 和直流平均电压 U_{dc} 成反比。

图 7.7 中，P1 是直流母线电压输入端子。电容 C1、C111 和 C112 构成直流侧的滤波电容。其中电容 C1 是电解电容，容值为 470μF，耐压值为 450V，用于直流侧和交流侧的功率解耦，维持母线的电压。电容 C111 和 C112 是小容值的薄膜电容，耐压值为 630V，主要用来吸收高频的纹波。电阻 R101 是直流滤波电容的泄放电阻，阻值为 220kΩ，以母线电压 380V 计算，功耗为 0.66W，选用封装为 2512 的贴片电阻，最大功耗为 2W。电阻 R1 ~ R4 是直流母线电压采样的分压电阻，R1、R2、R3 的阻值为 1MΩ，R4 的阻值为 10.7kΩ。

2. 功率器件选型

单相全桥电路由 4 个开关管构成，功率器件的电压和电流应力分别为

$$U_{inmax} = 400V \tag{7.6}$$

$$I_{inmax} = \frac{P_{out}}{U_{dcmin}} = 1.4A \tag{7.7}$$

因此，可选择 600V 的 IGBT 或 CoolMOS，电流为 5A。

3. RCD 缓冲吸收电路

缓冲吸收电路是吸收开关管关断浪涌电压和续流二极管反向恢复浪涌电压。在某些应用中，吸收电压还可以减少开关管的开关损耗。通常有典型的三种缓冲吸收电路：C、RC 和 RCD。MOSFET 桥式结构的上下部连接了电容的 C 缓冲吸收电路如图 7.9a 所示，在各开关器件的漏极和源极之间连接电阻和电容的 RC 缓冲吸收电路如图 7.9b 所示，在 RC 缓冲吸收电路中追加二极管的放电型 RCD 缓冲吸收电路如图 7.9c 所示，将放电型 RCD 缓冲

吸收电路的放电路径变更而成的非放电型 RCD 缓冲吸收电路如图 7.9d 所示。

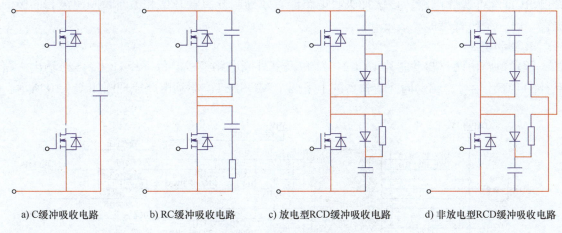

a) C缓冲吸收电路　　　b) RC缓冲吸收电路　　　c) 放电型RCD缓冲吸收电路　　　d) 非放电型RCD缓冲吸收电路

图 7.9　缓冲吸收电路

为了更好地发挥其效果，必须将这些缓冲吸收电路尽可能布局在开关器件的附近。各缓冲吸收电路的特点如下：

图 7.9a 中零件数目少，但必须连接到桥式结构的上部和下部之间，因此缺点是线路会变得较长，因此通常不是用分立元器件，而是多用二合一的分立元器件模块。

图 7.9b 可在各开关器件附近布局缓冲吸收电路，不过，必须确保每次器件开通时电容中积存的全部能量均由电阻消耗掉。因此，当开关频率变高时，电阻所消耗的功率可能会变为数瓦，而电容很难很大，所以抑制尖峰的效果也会变得有限。此外，电阻的尖峰吸收能力有限，因此抑制效果也会受限。

图 7.9c 的电阻消耗的功率与图 7.9b 相同，但因为只经由二极管吸收尖峰，比起图 7.9b 的吸收效果好、更实用。但是，需要注意使用的二极管的恢复特性，因为吸收尖峰时的电流变化大，需要极力减少缓冲吸收电路的配线电感。另外，如果将电阻与电容并联，在动作上也是相同的。

图 7.9d 的电阻只消耗电容所吸收的电压尖峰能量，电容所积蓄的能量不会每次开关都充分释放出来。因此，即使开关频率加快，电阻的消耗功率也不会变得很大，可以将电容增大，大幅提高电路的抑制效果。但线路布局变得复杂，如果不是 4 层以上的基板，布线会极为困难。

如上所述，这里介绍的缓冲吸收电路各有长短，需要根据电源电路结构和转换功率容量选择最佳的缓冲吸收电路。

选择 RCD 缓冲吸收电路来进行缓冲吸收处理，如图 7.9d 所示。缓冲吸收电容应为耐压大于 500V 的无感电容。其容值选择为

$$C_s = \frac{I_d(t_{rv} + t_{fi})}{U_{dc}} \tag{7.8}$$

式中，I_d 为最大漏极电流；t_{rv} 为最大漏极电压上升时间；t_{fi} 为最大漏极电流下降时间；U_{dc} 为最大漏源极电压。

图 7.7 中，电阻 R120、R121，电容 C110、C39，以及二极管 D24、D25 构成了一个桥臂的 RCD 缓冲吸收电路，该缓冲吸收电路能有效抑制开关管开通和关断瞬间源极和漏极的振荡，另一个桥臂类似。

4. 驱动电路

驱动电路由两片驱动芯片 UCC21521 以及其外围电路组成。每一片 UCC21521 输出一路互补的 PWM 信号，驱动同一个桥臂的上下两个 MOSFET。驱动电路原理图如图 7.10 所示。

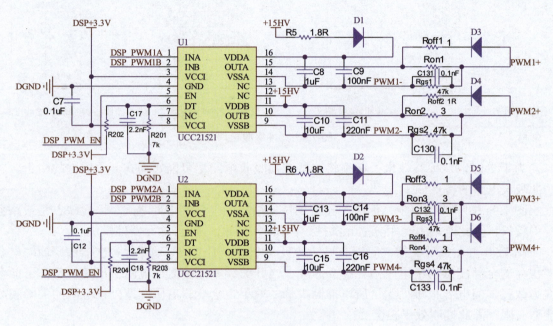

图 7.10　驱动电路原理图

UCC21521 是一款隔离式双通道栅极驱动器，具有 4A 峰值拉电流和 6A 峰值灌电流。该器件设计用于驱动高达 5MHz 的功率 MOSFET、IGBT 和 SiC MOSFET，具有一流的传播延迟和脉宽失真。输入侧通过一个有效值为 5.7kV 增强型隔离栅与两个输出驱动器隔离，两个二次侧驱动器之间采用内部功能隔离，支持高达 DC 1500V 的工作电压。该驱动器可配置为两个低侧驱动器、两个高侧驱动器或一个死区时间（DT）可编程的半桥驱动器。在本设计中使用一片驱动芯片驱动一个半桥。5 脚拉低时会同时关闭两个输出，悬空或拉高时可使器件恢复正常运行。作为一种故障安全机制，一次侧逻辑故障会强制两个输出为低电平。此器件接受高达 25V 的 VDD 电源电压。3 ~ 18V 的宽输入电压 VCCI 范围使得该驱动器适用于连接数字和模拟控制器。所有电源电压引脚均具有欠电压闭锁保护。

驱动芯片 1、2 脚连接到 DSP 输出的同一组 PWM 信号，5 脚连接到 DSP 的 GPIO 口，可以独立使能驱动芯片，低电平关闭驱动输出。6 脚是控制死区时间的编程引脚，连接 6 脚至 VCCI，驱动芯片不会给输入信号加入死区，死区可由 DSP 编程产生，或者是将 6 脚通过一个电阻 R_{DT} 接地，则驱动芯片会根据电阻值调整死区的大小，R_{DT} 可以是一个 500Ω ~ 500kΩ 的电阻，死区时间 T_{DT} 计算公式为

$$T_{DT} = 10 R_{DT}$$

$$(7.9)$$

在电阻 R_{DT} 上并联一个 2.2nF 的陶瓷电容以达到更好的抗噪声能力。电容 C130～C133 分别连接在四个管子的栅极和源极之间，该电容可以抑制密勒效应，但是会增加管子的开通速度，增加损耗，实验最终没有使用这个电容。

自举二极管需要较快的关断速度，较低的正向压降以及较高的耐压值，故选择 C4D02120E，串联电阻限制自举电路的电流在安全工作范围内，本设计中，阻值选为 1.8Ω。

每个开关周期的充电电荷 Q_{tal} 可估算为

$$Q_{tal} = Q_g + \frac{1.5mA}{f_s} = 53nC + 75nC = 128nC \qquad (7.10)$$

式中，Q_g 为开关管的栅极电容的容值；f_s 为开关频率。

故自举电容为

$$C_{BOOT} = \frac{Q_{tal}}{\Delta U_{VDDA}} = \frac{128nC}{0.5V} = 256nF \qquad (7.11)$$

考虑到安全裕量，自举电容的容值选为 2.2μF。

由于开通和关断电阻的阻值会影响开关管的开通和关断速度，在实验中最终确定开通电阻为 5Ω，关断电阻为 7Ω。

5. 电压电流采样及调理电路

电压电流采样及调理电路主要包括直流母线电压采样电路、交流输出电压采样电路、交流输出电流采样电路三个部分。由于 DSP 自带 ADC 的采样范围为 0～3.3V，不能直接采样，所以需要先通过信号调理电路将信号转换到 DSP 可接受的范围。采样电路中使用精密运放 OPA2170，该芯片内置两个运放。为了减少信号的干扰，经过运放电路的信号最后通过一个一阶 RC 滤波器进入 DSP。一阶 RC 滤波器的截止频率计算公式为

$$f = \frac{1}{2\pi RC} \qquad (7.12)$$

实验最后选取一阶 RC 滤波器截止频率在 500Hz 左右。每一路采样信号进入 DSP 前都经过了钳位二极管 BAV99T 钳位保护，防止损坏 DSP。直流母线电压采样电路如图 7.11 所示。

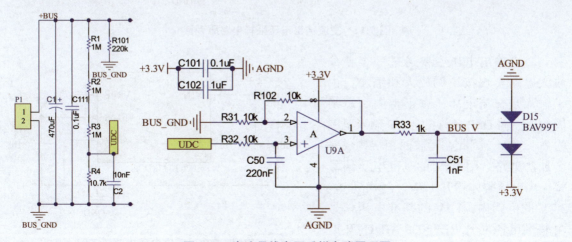

图 7.11 直流母线电压采样电路原理图

直流母线电压首先通过电阻 R1 ~ R4 分压，然后经过一个运放比例电路，再经过一个一阶 RC 滤波器进入 DSP。输入电压 U_{BUS} 与输出电压 $U_{\mathrm{BUS\_V}}$ 之间的计算公式为

$$U_{\mathrm{BUS\_V}} = \frac{R_4}{R_1 + R_2 + R_3 + R_4} \cdot \frac{R_{102}}{R_{31}} \cdot U_{\mathrm{BUS}} \tag{7.13}$$

交流输出电压采样电路如图 7.12 所示。

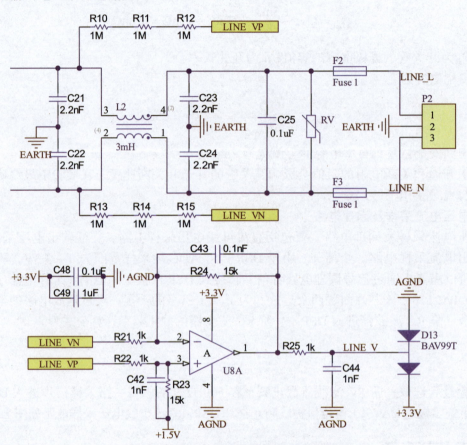

图 7.12　交流输出电压采样电路原理图

交流输出电压主要通过一个差分放大电路实现按比例放大和缩小，由于输入是交流电压，有正半周和负半周的值，而 DSP 允许的 ADC 输入范围为 0 ~ 3.3V，因此在运放同相端构成一个加法电路，用 1.5V 的基准电压信号将输出电压整体抬升 1.5V，转换到 0 ~ 3.3V 的范围内。1.5V 的基准电压信号由基准电压芯片 REF2030 AIDDCR 产生，如图 7.13 所示。

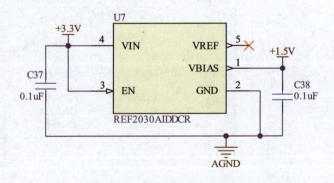

图 7.13　基准电压电路原理图

交流电压 U_{AC} 与调理电路输出电压 U_{LINE_V} 之间的计算公式为

$$U_{LINE\_V} = \frac{R_{24}}{R_{10} + R_{11} + R_{12} + R_{22}} \cdot U_{AC} + 1.5V \qquad (7.14)$$

交流输出电流采样使用电流传感器 LTSR 6-NP，采样电路如图 7.14 所示。

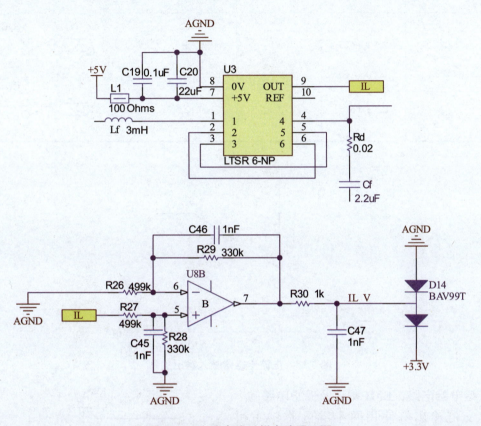

图 7.14 交流电流采样电路原理图

交流电流信号首先通过电流传感器转换成对应的电压信号，然后通过运放构成的比例电路，以及一阶 RC 滤波电路，最后进入 DSP。电流传感器选用 LTSR 6-NP，其接线方式与输入输出关系如表 7.2 和图 7.15 所示。在设计中采用第三种接线方式，则 I_{PN} 为 2A，传感器的参考电压使用其内部自带的参考，因此 10 脚悬空。电流传感器的输入电流 I 和输出电压 V_{OUT} 之间的关系为

$$V_{OUT} = 2.5V \pm 0.625V \cdot \frac{I}{I_{PN}} \qquad (7.15)$$

综上所述，设计中交流电流采样电路输入电流和输出电压之间的关系为

$$I_{L\_V} = 2.5V + 0.625V \cdot \frac{I_{AC}}{I_{PN}} \cdot \frac{R_{29}}{R_{26}} \qquad (7.16)$$

表 7.2　电流传感器接线方式

一次匝数	一次标称电流有效值 I_{PN}/A	标称输出电压 V_{OUT}/V	一次电阻 $R_p/m\Omega$	一次插入电感 $L_p/\mu H$	参考连接方式
1	±6	2.5 ± 0.625	0.18	0.013	
2	±3	2.5 ± 0.625	0.81	0.05	
3	±2	2.5 ± 0.625	1.62	0.12	

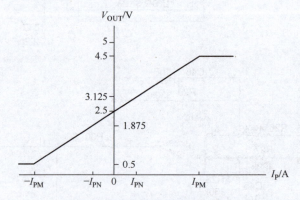

图 7.15　电流传感器输入输出关系

6. 继电器电路、EMI 滤波及保护电路

在交流输出侧使用两个继电器 RY1 和 RY2 是为了能够通过 DSP 实现控制输出的功能。电路如图 7.16 所示。继电器使用的型号为 HT3F-12VDC-SHG。其触点可耐压交流 277V，可通过电流为 10A。其线圈的额定电压为 DC 12V，额定电流为 30/37.5mA，线圈自身阻抗为 400/320Ω。因为设计中使用 15V 电压控制继电器，因此在控制回路加入 51Ω 电阻，使线圈控制电流在额定电流附近。DSP 的 GPIO 引脚通过一个 NPN 型晶体管同时控制两个继电器的开通或者关断。

EMI 滤波及保护电路如图 7.17 所示，电容 C21 ～ C24 与共轭电感 L2 一同组成了 EMI 滤波电路，以抑制高频信号对输出的干扰。压

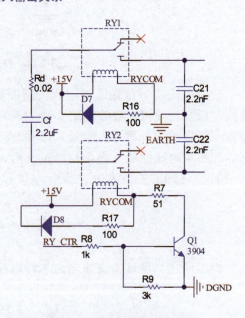

图 7.16　继电器电路原理图

敏电阻 RV 能防止故障情况下输出过电压损坏后级负载。熔断器 F2 和 F3 可以在电流过大时起到切断负载的保护作用。

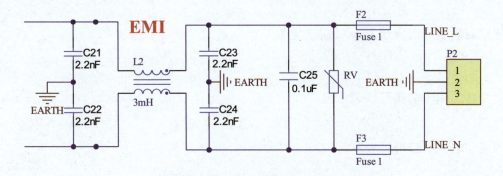

图 7.17　EMI 滤波及保护电路原理图

7. 输出滤波器电感设计

输出滤波电感的主要目的在于滤除开关频率次谐波。电感的设计主要在于计算电流纹波，并选择合适的磁心材料，以满足所计算的电流纹波。一个开关周期的滤波器输入电压和电感电流的波形如图 7.18 所示。

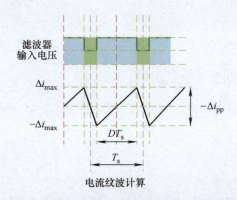

图 7.18　滤波器输入电压和电感电流的波形

电感两端的电压为

$$u_{Lf} = L_f \frac{di}{dt} \tag{7.17}$$

式中，L_f 为电感值。

对于交流输出的全桥逆变器来说，可以写为

$$U_d - u_o = L_f \frac{\Delta i_{pp}}{DT_s} \tag{7.18}$$

式中，U_d 为直流输入电压；u_o 为输出电压；Δi_{pp} 为纹波电流；D 为占空比；$T_s = 1/f_s$ 为开关周期，f_s 为 20kHz 的开关频率。

重新计算任意时刻输出电流波形的纹波为

$$\Delta i_{pp} = \frac{DT_s(U_d - u_o)}{L_f} \tag{7.19}$$

假定调制度可以表示为 m_a，占空比为

$$D = m_a \sin(\omega t) \tag{7.20}$$

逆变器的输出电压可以表示为

$$u_o = DU_d$$

因此，电流纹波可以表示为

$$\Delta i_{pp} = \frac{U_d T_s m_a \sin(\omega t)[1 - m_a \sin(\omega t)]}{L_f} \tag{7.21}$$

可见，纹波电流的峰值受调制度的影响（逆变器输出正弦波时）。为了找到纹波电流最大值出现的位置，对式（7.21）求导，并令其为 0，有

$$\frac{d\Delta i_{pp}}{dt} = K\{\cos(\omega t)[1 - m_a \sin(\omega t)] - m_a \sin(\omega t)\cos(\omega t)\} = 0 \tag{7.22}$$

$$\sin(\omega t) = \frac{1}{2m_a} \tag{7.23}$$

式（7.23）给出了纹波电流最大的时刻，进而有

$$\Delta i_{ppmax} = \frac{U_{dc}T_s}{4L_f} \tag{7.24}$$

$$L_f = \frac{U_{dc}T_s}{4\Delta i_{ppmax}} \tag{7.25}$$

8. 输出滤波器电容设计

输出滤波电感和电容形成一个低通滤波器，滤除开关频率次谐波。为了获得好的滤波效果，滤波器的剪切频率 f_c 要满足 $f_c \leqslant f_s/10$。

$$f_c = \frac{1}{2\pi\sqrt{L_f C_f}} \tag{7.26}$$

$$C_f \geqslant \frac{1}{4\pi^2 f_c^2 L_f} \tag{7.27}$$

为抑制 LC 滤波电路的谐振，在电容上串联阻尼电阻 R_d，选为谐振容抗的 1/3 左右。

$$R_d = \frac{1}{3}\frac{1}{C_f 2\pi f_c} = \frac{1}{3}\sqrt{\frac{L_f}{C_f}} \tag{7.28}$$

7.2.3 控制策略设计

采用图 7.19 所示的级联控制回路，来控制逆变器的输出电压。输入直流母线电压为 U_d，电感电流为 i_i，输出电压 u_o 采样到控制芯片中。电压参考值 u_{ref} 和传感器采集到的输出电压 u_o 比较，误差输入到电压补偿器 G_v。为了提高逆变器的动态响应能力，逆变器通常采用双闭环控制，电流内环提高动态响应能力，电压外环提高负荷带载能力。

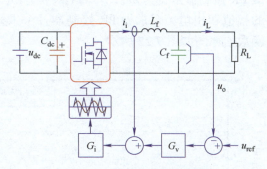

图 7.19 输出电压控制规律

为保证输出交流侧电压无静差并尽量提高系统的动态响应速度，控制器采用了准 PR 电压控制外环以及 PI 电流控制内环，控制结构框图如图 7.20 所示。

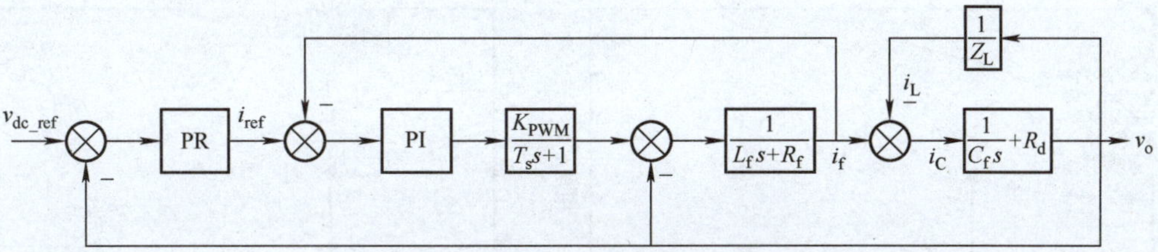

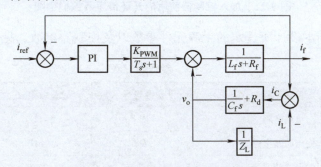

图 7.20 PR+PI 的双闭环控制策略

对于图 7.20 所示的双闭环控制结构的系统，可以先对电流内环进行控制参数设计，仅考虑电流内环时，控制结构框图如图 7.21 所示。

图 7.21 内环 PI 控制的框图模型

根据图 7.21 可以得到电流内环的开环传递函数，本设计设定电流内环截止频率为 $f_{si} = 200\mathrm{Hz}$，转折频率设定为 $f_{zi} = 200\mathrm{Hz}$，根据加入控制器前后的开环传递函数在截止频率处的幅值关系可求得 PI 控制器的比例系数和积分常数。

同理，可以得到加入电流内环控制器后的电压外环的开环传递函数，其中准 PR 控制器的传递函数可表示为

$$\mathrm{PR} = k_{pv} + \frac{2k_{rv}\omega_{cv}}{s^2 + 2\omega_{cv}s + \omega_0^2} \tag{7.29}$$

本设计设定外环截止频率为 $f_{sv} = 20\text{Hz}$，设定外环的相角裕量为 45°，并在设计中选择准 PR 控制器带宽为 $\omega_{cv} / \pi = 1\text{Hz}$，因此也可根据加入控制器前后的传递函数在截止频率处的幅值和相角关系求得 PR 控制器各个未知参数（见表 7.3）。加入控制器前后的开环传递函数伯德图如图 7.22 所示。

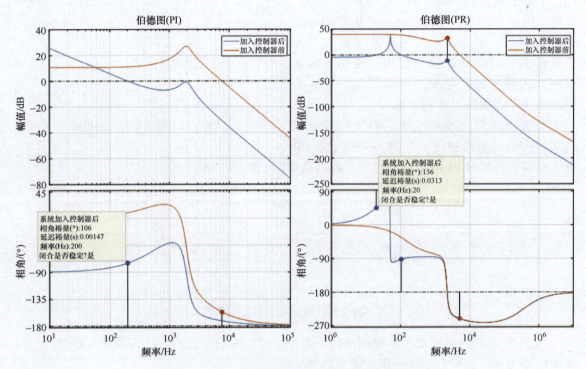

图 7.22　加入控制器前后的开环传递函数伯德图

最终可整理得到本设计所选定的无源元件参数以及控制器参数，见表 7.3。

表 7.3　参数设计表

参数类型	参数名称	参数符号	参数单位	参数值
无源元件	负载电阻	R_L	Ω	96.8
	输出滤波电感	L	mH	3
	输出滤波电容	C_2	μF	2.2
	直流滤波电容	C_1	μF	470
控制器	开关频率 / 等效开关频率	f_s/f_{se}	kHz	20/40
	内环比例系数	k_{pi}	—	0.0281
	内环积分系数	k_{ii}	—	353.3448
	外环比例系数	k_{pv}	—	0.00604
	外环谐振系数	k_{rv}	—	0.08285
	外环带宽系数	ω_{cv}	—	3.1415

7.3 实践效果

7.3.1 仿真结果与分析

按照 7.2 节设计的拓扑及元器件选型，在 MATLAB/Simulink 中搭建电路模型进行仿真，对应的仿真模型如图 7.23 所示。

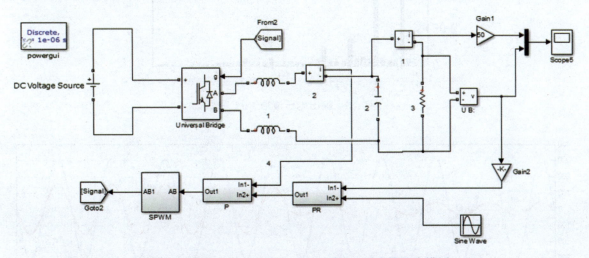

图 7.23 基于 MATLAB/Simulink 的单相逆变器仿真模型

仿真得到输出电压和输出电流波形如图 7.24 所示，其中蓝色波形为输出电压，红色波形为输出电流，从图中可以看出，输出电压和输出电流相位几乎一致。

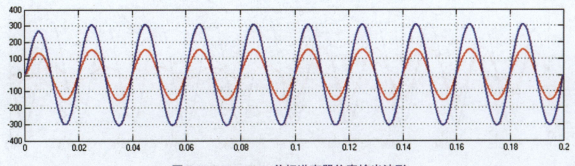

图 7.24 Simulink 单相逆变器仿真输出波形

对图 7.24 中的输出电压进行 FFT 分析，如图 7.25 所示，分析得到系统输出电压波形总谐波畸变率为 0.14%，满足输出电压总谐波设计要求。

进行投切负载实验，观察系统的动态调节性能。当负载从满载的 20% 增加到 100% 时，逆变器输出的电压和电流波形如图 7.26 所示，输出电压在负载增大瞬间先减小，经过半个周期变化后恢复到原来的稳态值。

当负载从满载的 100% 减小到 20% 时，逆变器输出的电压和电流波形如图 7.27 所示，输出电压在负载减小瞬间先增大，经过半个周期变化后恢复到原来的稳态值。

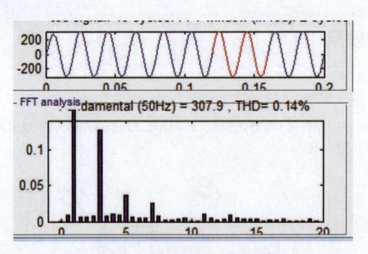

图 7.25　输出电压波形 FFT 分析

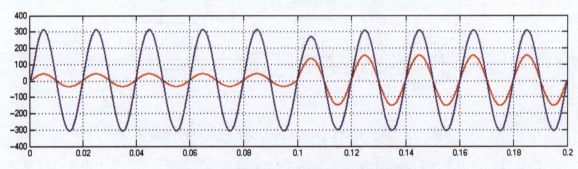

图 7.26　负载增大时的输出电压和电流波形

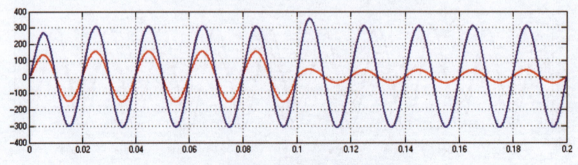

图 7.27　负载减小时的输出电压和电流波形

　　从仿真波形图可以看出，设计的单相逆变器输出电压满足设计要求，且当逆变器负载发生变化时，输出电压经过短暂时间（半个周期 0.01s）的变化又回到原来的稳态值，说明系统的动态调节和抗扰动能力比较好。

7.3.2　实验结果与分析

　　按照 7.2 节的选型设计方案，最终设计出的单相逆变器样机如图 7.28 所示，下面分别测试稳态输出电压、电流和负载变化时逆变器工作的情况。

图 7.28　单相逆变器的实物结果

　　本次单相逆变器设计的实物上电测试主要针对离网工作模式下进行，分别利用录波仪测定了逆变器在带额定负载时的直流侧输入电压和电流波形（见图 7.29，黄色波形是输入电流波形，紫色波形是输入电压波形），以及交流侧输出电压和电流波形（见图 7.30，黄色波形是输出电流波形，紫色波形是输出电压波形）。

　　从所测得的结果可以发现，在额定功率输出时，逆变器输出交流电压能够稳定在220V，且电压和电流波形无明显畸变。

　　将录波仪所测定的输出电压波形数据导入 MATLAB 中进行 FFT 分析可得到如图 7.31所示的结果。

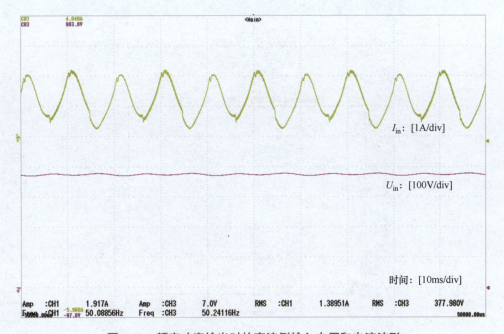

图 7.29　额定功率输出时的直流侧输入电压和电流波形

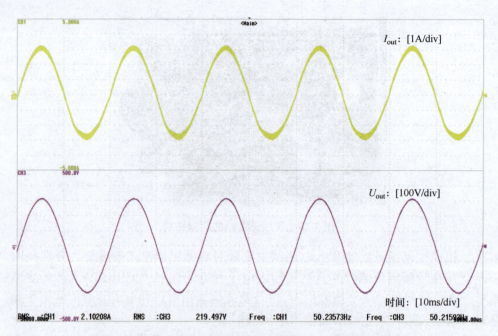

图 7.30　额定功率输出时的交流侧输出电压和电流波形

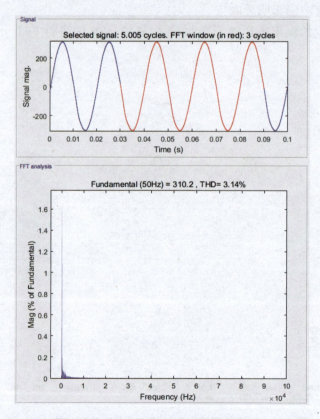

图 7.31　额定功率输出时的交流侧输出电压 FFT 分析结果

从 FFT 分析结果可以看出，在 0 ~ 100kHz 范围内高次谐波所占百分比较低，测得 THD 为 3.14%，能够满足设计要求。

另外，将输入和输出的电压和电流数据均导入 MATLAB 中进行功率分析，计算可得到逆变器工作效率为 96.54%，故也能够满足设计要求。

为验证逆变器的负载跟踪能力以及调节速度，在上电测试阶段还进行了负载跳变的测试，设定负载从半载跳变至满载工作状态，测试结果如图 7.32 所示。

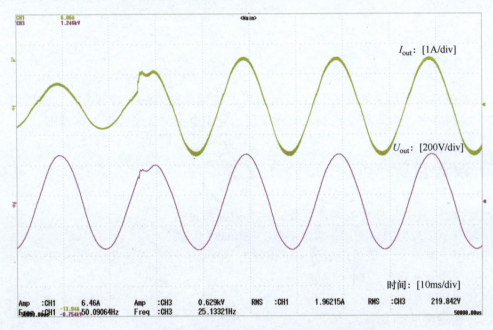

图 7.32　负载跳变时的输出电压和电流波形

从测试结果可以看出，负载跳变时，输出电压和电流波形能够在不到半个周波内跟踪上给定信号，故本设计的逆变器具有良好的负载调节能力。

7.4　本章小结

针对新能源发电应用场景，本章给出了单相逆变器的工作原理、设计方法、硬件电路和实践结果，选择经典的单相全桥型拓扑作为逆变主电路，为了吸收开关管关断浪涌电压和续流二极管反向恢复浪涌电压，增加 RCD 缓冲吸收电路，MOS 管的驱动电路由隔离式双通道栅极驱动芯片 UCC21521 以及其外围电路组成，并给出了 EMI 滤波及保护电路设计及输入输出滤波电路设计，控制策略采用双闭环数字控制，电流内环提高动态响应能力，电压外环提高负荷带载能力。在 MATLAB/Simulink 中搭建仿真模型进行仿真，仿真得到设计的单相逆变器符合设计要求，动态调节和抗扰动能力比较好。制作实物样机并进行调试测试，逆变器稳态运行符合设计要求，且抗负载扰动性能较好。本章从理论分析、拓扑选择、元器件选型到仿真建模分析、实物样机制作测试，完整说明了单相逆变器的设计制作及测试过程，可以为逆变电路的设计和实践提供参考。

第8章 单闭环直流调速系统的创新实践

面向电气传动领域，本章介绍了直流电机的常用调速方法、控制电路、参数整定、仿真方法、实验方法，为直流电机的双闭环控制、异步电机的矢量控制奠定基础。

8.1 设计目标

设计完成一套单闭环直流调速系统，性能指标满足：

1）输入 AC 220V（单相）；输出 DC 0～300V（可调）。

2）他励直流电机，单象限运行（可拓展），220V/1.2A，调速范围为 0～1600r/min。

3）模拟控制（数字控制，可选）。

4）成果形式为 PCB。

5）转速超调量 ≤ 10%。

6）不同工况下的净差率 $(n_0-n)/n_0 \leq 5\%$。

8.2 设计方案

单闭环直流调速系统的原理如图 8.1 所示。15V 电压和可调电阻产生指令电压，指令电压大小与测速发电机的输出相关，采用运算放大器构成 PI 控制器，调节器输出为变换器电路提供开关控制信号。

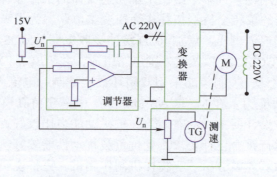

图 8.1 单闭环直流调速系统原理

8.2.1　电机参数

电机和测速发电机的参数见表 8.1 和表 8.2。

表 8.1　电机参数测定表

参数名称	参数符号	单位	测量值
电枢电阻	R_a	Ω	42.5
电枢电感	L_a	mH	440.91
励磁电阻	R_f	kΩ	2.031
励磁电感	L_f	H	49.376
机电时间常数	T_m	s	0.05
转速反馈系数	α	V·min/r	0.0049
额定励磁下电动势系数	C_e	V·min/r	0.1474

表 8.2　电机参数计算表

参数名称	参数符号	单位	计算值
电枢回路电磁时间常数	T_l	s	0.01
励磁电流	I_f	A	0.108
电枢与励磁绕组的互感	L_{af}	H	12.994
转动惯量	J	kg·m²	0.002331
额定励磁下转矩系数	C_m	N·m/A	1.408

8.2.2　电路拓扑设计

1. 变换器电路选型

变换器分为不可逆斩波电路和可逆斩波电路，不可逆斩波电路以 Buck 电路最为常见，可逆斩波电路最常用的是桥式（也称 H 形）电路。基于 Buck 电路的变换器方案如图 8.2 所示。整流桥和滤波电容一起提供稳定的直流电压源，Buck 电路的输出电压可调，从而调节直流电机的转速。

如图 8.2 所示，$0 \leqslant t \leqslant t_{on}$ 时，U_g 为正，VT 导通，电源 U_s 加到电枢两端；$t_{on} \leqslant t \leqslant T$ 时，U_g 为负，VT 关断，电枢电流经 VD 续流，电枢电压为零。电枢电压平均值为 $U_d = DU_s$，改变占空比 D（$0 \leqslant D \leqslant 1$），即可实现直流电机的调压调速。

基于桥式电路的变换器方案如图 8.3 所示。相对于 Buck 电路的方案，除了将 DC/DC 变换电路改为桥式电路外，其他环节基本一致。采用桥式

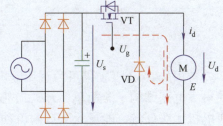

图 8.2　基于 Buck 电路的变换器

电路，可以控制输出电压的极性，从而控制直流电机正转或反转。

控制电机正向运行时，如图 8.4 所示，第 1 阶段，在 $0 \leqslant t \leqslant t_{on}$ 期间，U_{g1}、U_{g4} 为正，VT_1、VT_4 导通，U_{g2}、U_{g3} 为负，VT_2、VT_3 截止，电流 i_d 沿回路 1 流通，电机两端电压 $U_d = +U_s$；第 2 阶段，在 $t_{on} \leqslant t \leqslant T$ 期间，U_{g1}、U_{g4} 为负，VT_1、VT_4 截止，VD_2、VD_3 续流，并钳位使 VT_2、VT_3 保持截止，电流 i_d 沿回路 2 流通，电机两端电压 $U_d = -U_s$。

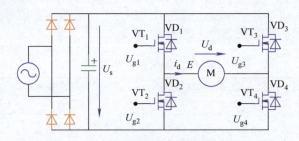

图 8.3　可逆直流斩波器

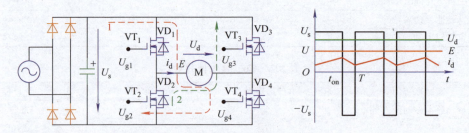

图 8.4　电机正向运行时的工作原理

控制电机反向运行时，如图 8.5 所示，第 1 阶段，在 $0 \leqslant t \leqslant t_{on}$ 期间，U_{g2}、U_{g3} 为负，VT_2、VT_3 截止，VD_1、VD_4 续流，并钳位使 VT_1、VT_4 保持截止，电流 $-i_d$ 沿回路 4 流通，电机两端电压 $U_d = +U_s$。第 2 阶段，在 $t_{on} \leqslant t \leqslant T$ 期间，U_{g2}、U_{g3} 为正，VT_2、VT_3 导通，U_{g1}、U_{g4} 为负，VT_1、VT_4 截止，电流 $-i_d$ 沿回路 3 流通，电机两端电压 $U_d = -U_s$。

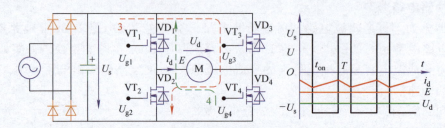

图 8.5　电机反向运行时的工作原理

　　常用的 Buck 变换器可为直流电机的电枢电压供电，并且 Buck 变换器仅需要一个开关，使得主电路结构十分简单，开关损耗较小，易于控制，但同时由于其输出单极性电压，使得电机无法反转，能量无法双向流动。而桥式变换器需要控制四个开关，但能够实现电机的正转与反转，能量可双向流动，故本次直流调速系统设计将采用桥式变换器作为变换器主电路。

2. 限流保护电路

　　在转速反馈控制直流调速系统上突加给定电压时，电枢电压立即达到它的最高值，对电机来说，相当于全压起动，会造成电机过电流。当直流电机被堵转时，电流将远远超过允许值。如果只依靠过电流继电器或熔断器来保护，过载时就跳闸。在转速反馈控制直流调速系统中必须有自动限制电枢电流的环节。

引入电流负反馈，可以使电流不超过允许值。但这种作用只应在起动和堵转时存在，在正常的稳速运行时又得取消。当电流大到一定程度时才出现的电流负反馈，叫作电流截止负反馈。

如图 8.6 所示，在电机电枢回路中串入小电阻 R_c，以获取电流反馈信号。图 8.6a 中，比较电压 U_{com} 取自独立的直流电源，其大小可用电位器调节，在 $I_d R_c$ 与 U_{com} 之间串接一个二极管 VD，当 $I_d R_c > U_{com}$ 时，二极管导通，电流负反馈信号 U_i 通过放大器输出；当 $I_d R_c \leq U_{com}$ 时，二极管截止，U_i 输出为零。图 8.6b 中，比较电压 U_{com} 由稳压二极管 VS 的击穿电压 U_{br} 提供。截止电流 $I_{dbl} = U_{com}/R_c$。

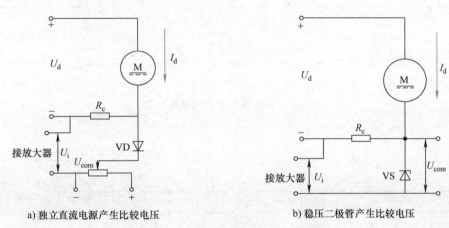

a) 独立直流电源产生比较电压　　　　　　　　b) 稳压二极管产生比较电压

图 8.6　电流截止负反馈电路示意图

3. 控制电路

控制电路分为模拟电路和数字电路。模拟电路是控制电路的基础，具有成本低、电路实现简单等优势，在精度要求不太高的场合容易实现。与模拟电路相比，数字电路具有精度高、可靠性高、抗干扰能力强、稳定性好、便于信号计算等优点。故本调速系统将采用数字控制方案，利用 TMS320F28027 数字控制芯片进行控制。

8.2.3　元器件选型设计

单闭环直流调速系统框图如图 8.7 所示，系统主要分为功率部分和控制部分，功率部分包含 EMI 滤波、整流、桥式电路、输出转速数据等功能；控制部分包含数据处理、输出控制信号、通信、人机交互等功能。

1. EMI 滤波与整流电路设计

EMI 滤波与整流电路原理图如图 8.8 所示[⊖]。F1 是熔断器；压敏电阻 R3 在电源过电压时电阻迅速变小，保护后级电路；热敏电阻 R1 能减小电机起动瞬间的电流；电容 C3、共轭电感 L1、安规电容 C4 和 C6 共同组成了 EMI 滤波电路，既能抑制电网中高频信号对调速器的影响，也能抑制直流调速器工作时对电网的干扰。

整流桥 U1 和电解电容 C5 组成一个带电容的不控整流电路，输出电压为 310V，考虑到电机额定功率较小，调速器工作时电流最大为 1.2A，所以 U1 选型为 KBL06，额定工作

⊖　本节的电路原理图均采用 Altium Designer 软件设计。

电流为 4A，电容 C5 选型为 220μF、耐压 450V 的电解电容；贴片电阻 R2 为泄放电阻，阻值为 100kΩ，以典型电压 310V 计算，功耗为 0.961W，所以选用封装为 2512 的贴片电阻，最大功耗为 2W。

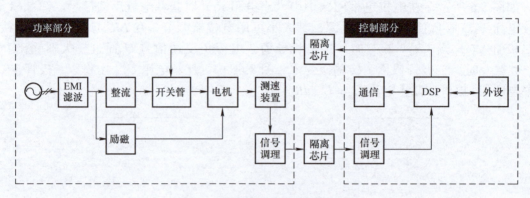

图 8.7　单闭环直流调速系统框图

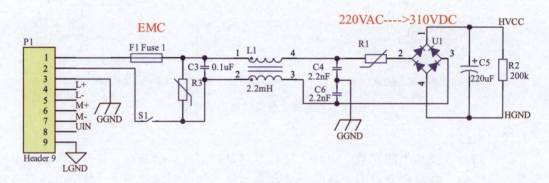

图 8.8　EMI 滤波与整流电路原理图

2. 励磁电路设计

励磁电路原理图如图 8.9 所示。由于电机及发电机的励磁电流最大均为 0.13A，合计最大为 0.26A，因此使用四个二极管组成不控整流电路，二极管选型为 1N4004，耐压为 400V，最大电流为 1A。L+ 是励磁正极，L– 是励磁负极。

3. 变换电路设计

控制电机的功率电路采用桥式电路拓扑，相比于使用四个分立 MOSFET 器件，智能功率模块（Intelligent Power Module，IPM）集成了三个半桥结构，以及控制、检测、驱动与保护电路，且集成后体积小，功率密度大，广泛应用在各种电机调速场景中。

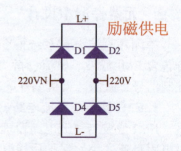

图 8.9　励磁电路原理图

本设计采用的 IPM 型号为 IGCM10F60GA，其内部包含三相 IGBT 桥、驱动芯片、NTC 电阻以及电流检测电路，其最大耐受电压为 600V，最大工作电流为 10A。IPM 及其外围电路原理图如图 8.10 所示，本设计中，U 相和 V 相桥臂组成一个全桥电路，通过该电路可驱动电机。U2 的电源供应脚为 13 脚和 16 脚，13 脚输入高电平，供电电源为 15V，16 脚接地，C17 为电源滤波电容。C9 为吸收电容，能抑制浪涌电压。

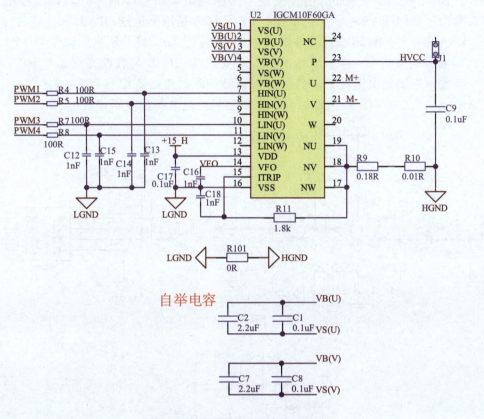

图 8.10　IPM 及外围电路原理图

（1）自举电路设计

IGCM10F60GA 内部带自举电路，由自举二极管和电阻组成，IPM 的 1、2、3、4 脚连接了自举电容 C2 和 C7，C1 和 C8 选取 0.1μF 的电容滤除高频干扰。

（2）PWM 信号输入设计

本设计只使用两路半桥，所以只使用 2 路 PWM 信号（对角桥臂上的 IGBT 使用相同 PWM 信号），PWM 信号经过 HCPL2630 隔离后，再经过低通滤波网络（$R = 100\Omega$ 和 $C = 1nF$）输入到 IPM。U2 的 7、8、10、11 脚为驱动信号输入脚，R4 与 C13、R5 与 C14、R7 与 C12、R8 与 C15 是低通滤波器，滤除驱动信号上的高频干扰。

（3）过电流保护设计

R9 和 R10 是电流检测电阻，过电流时系统输出故障信号，设计的最大工作电流为 2.4A，由芯片手册上的计算公式，得到电阻值为 0.1958Ω，故电流检测电阻选为 0.18Ω 和 0.01Ω。

（4）硬件故障关断功能

IGCM10F60GA 的 14 脚为模块故障信号输出端口，当 15 脚反馈过电流信号或者模块温度过高时，都会使得 14 脚置为低电平，发出故障信号，提醒控制器应该关闭 PWM 的输出。

4. 信号调理电路设计

转速反馈信号的范围为 +10 ~ -10V，而 DSP 自带 ADC 的采样范围为 0 ~ 3.3V，不能直接采样，所以需要信号调理。信号调理电路原理图如图 8.11 所示，转速反馈电压经过 R14 和 R18 分压后输出 +5 ~ -5V 的电压，U8 及 U13 是精密运放 OPA2170，该芯片内置两个运放，U8A 以及外围电阻电容元件构成一个加法器电路，将分压后的信号与 +5V 基准电压相加，相加后信号减小一半，电压范围变为 0 ~ 5V，U8B 与线性光耦芯片 HCNR201 以及 U13A 组成电压隔离电路，并对信号进行衰减，此时电压范围变为 0 ~ 2.89V，U13B 及外围电路组成一个二阶有源低通滤波器，电压信号经过有源滤波器输送给 DSP。

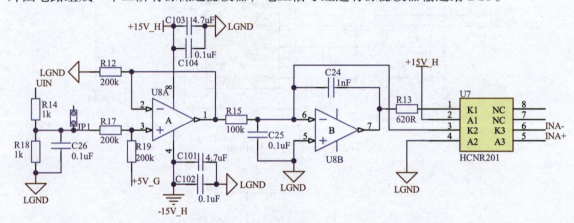

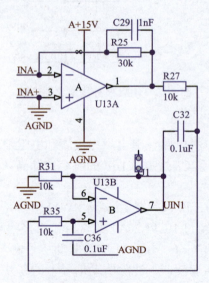

图 8.11　信号调理电路原理图

5. 隔离电路设计

为减少功率部分对控制部分的干扰，本设计中分别对 PWM 控制信号、故障信号以及转速反馈信号进行了隔离处理，由于转速反馈的隔离电路在信号调理电路中已经介绍，此处不再赘述。

本设计中，PWM 的信号隔离处理是通过隔离芯片 ISO7140CC 进行的，该芯片通信速率可达 10Mbit/s，完全满足本设计的要求，芯片的典型接法如图 8.12 所示。

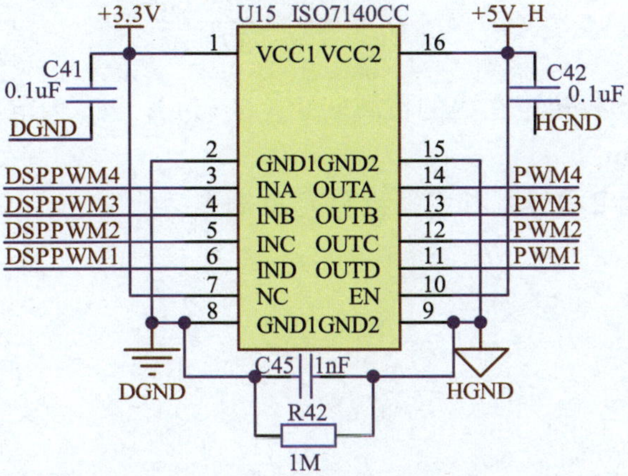

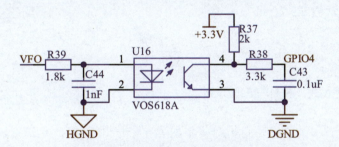

图 8.12　PWM 信号隔离电路原理图

故障信号隔离电路原理图如图 8.13 所示，当无故障时，VFO 电平为高电平，此时 GPIO4 电平为低电平。当出现故障时，VFO 电平为低电平，光耦未被驱动，此时 GPIO4 电平被上拉至高电平。

图 8.13　故障信号隔离电路原理图

8.2.4　控制策略设计

在单闭环直流调速系统中，主要环节是电力电子变换器和直流电机，下面先介绍直流电机和电力电子变换器的数学模型。

1. 直流电机动态数学模型

他励直流电机在额定励磁下的等效电路如图 8.14 所示，其中电枢回路总电阻 R 和电感 L 包含电力电子变换器内阻、电枢内阻和电感以及可能在主回路中接入的其他电阻和电感。

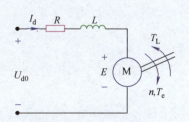

图 8.14　他励直流电机在额定励磁下的等效电路

假定主电路电流连续，动态电压方程为

$$U_{d0} = RI_d + L\frac{dI_d}{dt} + E \qquad (8.1)$$

忽略摩擦及弹性转矩，电机轴上的动力学方程为

$$T_e - T_L = J\frac{\mathrm{d}n}{\mathrm{d}t} = \frac{GD^2}{375}\frac{\mathrm{d}n}{\mathrm{d}t} \tag{8.2}$$

式中，T_L 为包括电机空载转矩在内的负载转矩（N·m）；GD^2 为电力拖动装置折算到电机轴上的飞轮惯量（N·m²）。

额定励磁下的感应电动势 E 和电磁转矩 T_e 分别为

$$E = C_e n \tag{8.3}$$

$$T_e = C_m I_d \tag{8.4}$$

负载转矩 T_L 为

$$T_L = C_m I_{dL} \tag{8.5}$$

式中，C_e 为额定励磁下的电动势系数；C_m 为电动机额定励磁下的转矩系数；I_{dL} 为负载电流。

定义电枢时间常数 T_l 为

$$T_l = \frac{L}{R} \tag{8.6}$$

定义机电时间常数 T_m 为

$$T_m = \frac{GD^2 R}{375 C_e C_m} \tag{8.7}$$

将式（8.6）代入式（8.1）整理得到

$$U_{d0} - E = R\left(I_d + T_l\frac{\mathrm{d}I_d}{\mathrm{d}t}\right) \tag{8.8}$$

将式（8.3）~式（8.5）、式（8.7）代入式（8.2）中整理得到

$$I_d - I_{dL} = \frac{T_m}{R}\frac{\mathrm{d}E}{\mathrm{d}t} \tag{8.9}$$

在零初始条件下，对式（8.8）取拉普拉斯变换，得电压与电流间的传递函数为

$$\frac{I_d(s)}{U_{d0}(s) - E(s)} = \frac{1/R}{T_l s + 1} \tag{8.10}$$

对式（8.9）取拉普拉斯变换，可以得到电流与电动势间的传递函数为

$$\frac{E(s)}{I_d(s) - I_{dL}(s)} = \frac{R}{T_m s} \tag{8.11}$$

由式（8.3）、式（8.10）和式（8.11）得到电机的结构框图如图 8.15 所示。

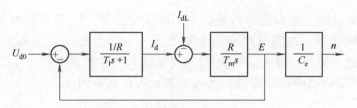

图 8.15　直流电机的结构框图

2. 电力电子变换器动态数学模型

本设计中选用的桥式变换器，采用双极性控制的电力电子变换器 PWM 的占空比可以表示为

$$D = \frac{U_c + U_{tr}}{2U_{tr}} \tag{8.12}$$

式中，U_c 为控制电压；U_{tr} 为三角载波峰值。

电力电子变换器的输入输出电压关系可以表示为

$$W_s(s) = \frac{U_d(s)}{U_c(s)} = K_s e^{-T_s s} \tag{8.13}$$

式中，K_s 为 PWM 变换器的放大系数；T_s 为 PWM 变换器的延迟时间。

K_s 可以表示为

$$K_s = \frac{U_d}{U_c} = \frac{(2D-1)U_s}{U_c} = \frac{U_s}{U_{tr}} \tag{8.14}$$

根据级数展开，式（8.13）有

$$W_s(s) = K_s e^{-T_s s} = \frac{K_s}{e^{T_s s}} = \frac{K_s}{1 + T_s s + \frac{1}{2!} T_s^2 s^2 + \frac{1}{3!} T_s^3 s^3 + \cdots} \tag{8.15}$$

因此，近似有

$$W_s(s) \approx \frac{K_s}{T_s s + 1} \tag{8.16}$$

3. 单闭环直流调速系统模型

直流调速系统的单闭环控制中的速度调节器（ASR）采用比例积分控制。

比例积分放大器的传递函数为

$$W_{PI}(s) = \frac{U_c(s)}{\Delta U_n(s)} = K_p + \frac{1}{\tau s} \tag{8.17}$$

测速反馈的传递函数为

$$W_{fn}(s) = \frac{U_n(s)}{n(s)} \tag{8.18}$$

结合直流电机模型和电力电子变换器的模型，得到直流电机单闭环控制的结构框图如

图 8.16 所示。额定励磁下的直流电机是一个二阶线性环节，T_m 表示机电惯性时间常数，T_l 表示电磁惯性时间常数。直流电机有两个输入量：一个是施加在电枢上的理想空载电压 U_{d0}，是控制输入量；另一个是负载电流 I_{dL}，扰动输入量。如果不需要在结构图中显现出电流，可将扰动量的综合点前移，再进行等效变换，可化简框图。

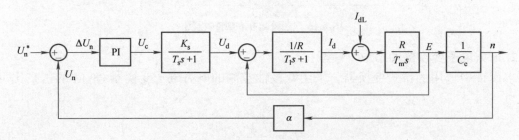

图 8.16　直流电机的单闭环控制结构框图

4. 控制器参数设计

由于本设计采用数字控制，为使得控制过程更加直观，假设给定量为转速 n^*，考虑变换电路是桥式并进行双极性 PWM 控制，设定开关频率为 10kHz。一般的电力拖动系统中，PWM 产生的延迟效果可用一阶惯性环节近似，则直流电机的开环数学模型可表示为图 8.17。

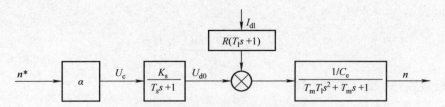

图 8.17　直流电机开环数学模型

将负载的作用视为调速系统的扰动输入，令扰动 I_{dl} 输入为 0，并代入前述参数值，式中 K_s 为带电容滤波的不控整流输出电压 U_s 与 PWM 载波幅值 U_{tr} 之比，电机空载时，$U_s \approx 311V$，U_{tr} 取为 5V，则其开环传递函数为

$$G_0 = \frac{2.068}{(0.0001s+1)(0.0138s+1)(0.0362s+1)} \tag{8.19}$$

为简化设计过程，在开环截止频率 ω_c 满足一定条件下可将高频段的两个小惯性环节合成，则可得到

$$G_0 = \frac{2.068}{(0.0139s+1)(0.0362s+1)} \tag{8.20}$$

此时开环截止频率 ω_c 应该满足

$$\omega_c \leqslant \frac{1}{3 \times \sqrt{0.0139 \times 0.0001}} = 282.73 \tag{8.21}$$

针对该开环系统，可采用 PI 调节器进行串联补偿设计，令 PI 调节器的传递函数为

$$G_c = \frac{K_p \tau s + 1}{\tau s} \qquad (8.22)$$

引入 PI 调节器后系统的开环传递函数为

$$G_1 = \frac{2.068}{(0.0139s+1)(0.0362s+1)} \cdot \frac{K_p \tau s + 1}{\tau s} \qquad (8.23)$$

典型二阶系统开环传递函数为

$$G = \frac{K}{s(Ts+1)} \qquad (8.24)$$

本设计拟将调速系统按二阶最佳模型进行设计，将原开环系统中时间常数较大的惯性环节与 PI 调节器的传递函数进行零极点对消，则可得到

$$\begin{cases} K_p \tau = 0.0362 \\ K = 2.068 / \tau \\ T = 0.0139 \\ KT = 0.5 \end{cases} \qquad (8.25)$$

根据式（8.25）可得到 PI 调节器的参数为

$$\begin{cases} K_p = 0.6296 \\ \tau = 0.0575 \end{cases} \qquad (8.26)$$

由上述计算得到，引入 PI 调节器后的单闭环直流调速系统的开环传递函数变为

$$G_1 = \frac{35.965}{s(0.0139s+1)} \qquad (8.27)$$

同时 $\omega_c = 35.965 \text{rad/s}$，满足前述小惯性环节合成条件。

8.3　实践效果

8.3.1　仿真结果与分析

为与后续实物制作吻合，仿真中直流电机励磁电源由市电经过不控整流后单独供电。在 MATLAB/Simulink 中可利用元件库中的模块搭建主电路的模型，并利用函数模块搭建控制系统的模型。为使得所搭建的模型尽量准确，各个模块中的参数均参照数据手册以及实测数据获取。调速系统仿真模型如图 8.18 所示。

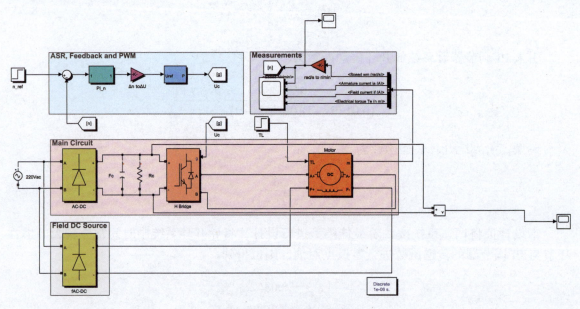

图 8.18　调速系统仿真模型

由于直接引入普通的 PI 环节后，在阶跃输入作用下，仿真所得转速超调量较大，因此对 PI 环节进行了积分分离和限幅处理，处理后的 PI 环节如图 8.19 所示。

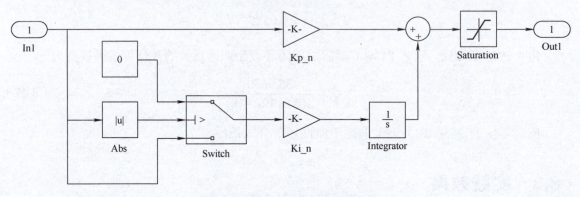

图 8.19　带积分分离的 PI 调节器

引入积分分离后，在转速误差小于 1000r/min 时，积分环节开始作用。然后对调速系统进行仿真，设定仿真时长 1.5s，并在仿真 1s 时引入负载扰动作用，最终可得到调速系统的转速和电枢电流的波形，如图 8.20 所示。

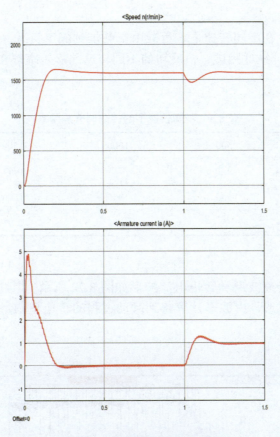

图 8.20　转速和电枢电流波形

从图 8.20 可得出，所设计的直流调速系统的转速超调量为 3.2% < 10%，调节时间为 0.28s，满足系统设计指标要求，所设计的系统能够满足设计要求，计算所得的 PI 环节参数能够用于指导后续硬件电路 PI 参数的调试。

8.3.2　实验结果与分析

为尽量减小整个平台的体积，所设计完成的调速系统如图 8.21 所示，分上下两层平台结构，布局也相对紧凑。实物体积约为 8.7cm × 11.7cm × 6cm。其中，下层板为强电板，市电从下层接入并通过各个电源模块进行相应转换以供给系统各个部分；上层板为弱电板，主要实现调速控制、显示、扩展及报警功能。

实验装置可以分为电机、主电路以及电源示波器三大部分。电机的最大功率为 220kW，额定电压为 220V，额定电流为 1.2A，励磁电压为 220V。下面对设计制作的调速系统分别进行静态测试和动态测试。

图 8.21　单闭环直流调速系统实物

1. 静态测试

分别在正反转时，在不同转速下，负载由空载加到额定负载，测定转速降落，并计算静差率，结果见表8.3。经过测试，正反转的不同转速的静差率都在5%以内，满足设计指标要求。

表 8.3　不同转速下的转速调节静差率

正向转速 n_0/(r/min)	500	1000	1500	1600
静差率(%)	1.2	0.9	0.67	1.25
反向转速 n_0/(r/min)	500	1000	1500	1600
静差率(%)	5	2	0.67	0.625

2. 动态测试

系统起动过程的转速波形和转矩电流波形如图8.22所示，其中蓝色曲线为转速波形，红色曲线为转矩电流波形，由波形计算得到起动过程的转速超调量为0.79%，满足设计指标要求。

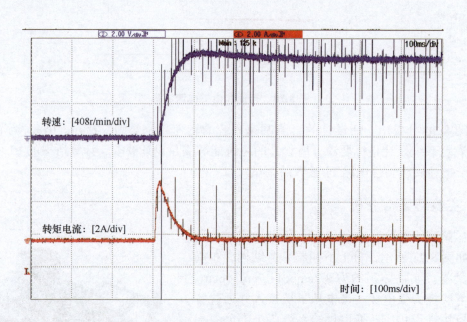

图 8.22　系统起动过程的转速波形和转矩电流波形

不同负载情况下起动时的转速波形如图8.23所示，该转速波形为经过信号调理电路处理后的转速反馈电压信号。空载情况下，装载DSP程序，给定转速1000r/min，测定电机的转速变化曲线情况（转速变化由测速发电机反馈的电压来体现，此时，理想状态下测速发电机的反馈电压为5V），从图8.23a中得出，稳态时测速发电机反馈的电压约为4.88V，静差率为2.4%，满足要求，无超调，在2s的时刻已达到稳态，电机运行比较平稳。给负载发电机加上 1000W、400Ω 的阻性负载，给定转速 1000r/min，测定电机转速变化曲线情况，测试结果如图 8.23b 所示。负载起动时，稳定后的测速发电机反馈电压同前，也是 4.88V 左右，静差率在 5% 以内。起动时没有超调，且在 1.474s 时已经进入到稳定值的 5% 范围，调节时间小于 2s，满足动态性能要求。

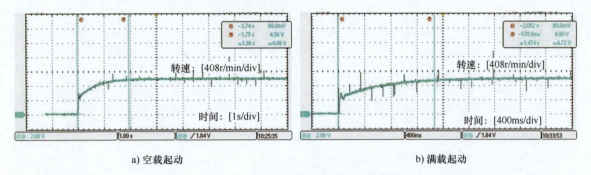

a) 空载起动　　　　　　　　　　　　　　　　b) 满载起动

图 8.23　不同负载起动时的转速波形

由图 8.24 可以看出，负载起动时，电机运行相对空载起动时较不平稳，毛刺较多，但调节时间较空载起动时短一些。

在给定转速为 1200r/min 的情况下，在负载发电机上突加 1000W、400Ω 的阻性负载，测试这时的转速变化情况如图 8.24 所示，突加负载的跟随性能很好，1.31s 内已经回到稳态，恢复时间较短，最低电压约为 5V，动态降落约为 1V，反馈电压为 5.84V，静差率为 2.67%，满足要求。

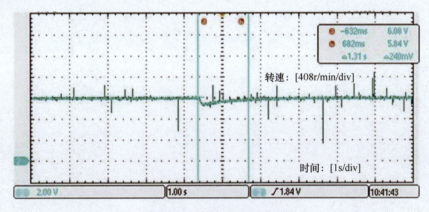

图 8.24　负载扰动测试结果

8.4　本章小结

现代电机控制通常配合电力电子装置实现变频调速，本章设计完成直流电机的单闭环调速系统，从拓扑方案、电路建模、控制系统等方面给出了详细的设计方案。电路设计方面，整流电路选用带电容滤波的不控整流电路，变换器电路采用 IPM 构成桥式拓扑，控制方式用数字控制实现。电路建模方面，分别给出了直流电机模型、电力电子变换器模型和 PI 控制器模型，并在此基础上得到所设计的单闭环直流调速系统的结构框图，进一步讨论了 PI 参数的设计。通过建模仿真和实物实验验证了所设计的单闭环直流调速系统满足指标要求，为转速闭环的直流调速系统设计与实践提供了可借鉴参考的实例。

第9章 双闭环直流调速系统的创新实践

面向直流电机的双闭环调速系统，本章介绍了双闭环控制的概念、内环和外环的控制方法、参数整定、仿真方法和实验方法，实现双闭环调速系统。

9.1 设计目标

设计完成双闭环直流调速系统，性能指标满足：

1）变换器额定输入单相交流 220V，输出直流电压 0～300V 可调。

2）他励直流电机，单象限，220V/1.2A，调速范围为 0～1600r/min。

3）模拟控制实现（数字控制实现，可选）。

4）用面包板完成（基本要求），PCB（拓展部分）。

5）转速超调量：≤ 10%。

6）不同工况下的静差率：$(n_0 - n)/n_0 ≤ 5\%$。

发挥部分：自由创新，PCB 设计制作，软开关电路，卸荷电路，通信部分等。

除技术指标外，设计过程还应考虑到系统的安全可靠性、经济实用性、简单便捷性等适用于生产的性能。

9.2 设计方案

双闭环控制系统由转速反馈控制、电流反馈控制直流调速系统组成，如图 9.1 所示，图中 ASR 是转速调节器，ACR 是电流调节器，转速通过测速发电机测得并反馈给调节器。在起动过程中转速调节器处于饱和状态，只有电流调节器起作用；在达到稳态转速后，转速调节器退饱和，起转速调节作用，电流调节器起电流调节作用。结构上，电流内环、转速外环形成了双闭环直流调速系统。

9.2.1 电机参数

根据实际测量标定的电机参数，见表 9.1。

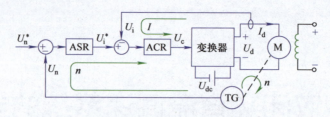

图 9.1   双闭环直流调速系统

表 9.1   电机参数

参数名称	参数数值	参数名称	参数数值
电枢电阻 R_a	42.5Ω	电磁时间常数 T_l	0.01s
电枢电感 L_a	440.91mH	机械时间常数 T_m	0.05s
励磁电阻 R_f	2.031kΩ	转动惯量 J	0.00233kg·m²
励磁电阻 L_f	49.376H	励磁电阻互感 L_{af}	12.994H
电机电磁常数 C_e	0.1474V·min/r	电机机械常数 C_m	1.408N·m/A
电机额定电流 I_n	1.2A	励磁额定电压 U_n	DC 220V

测速电机反馈系数为 0.005，电流互感器选择 CHB-25NP/SP6 宇波模块，它是电流比为 1000∶16 闭环霍尔元件，输出电流信号。若前级运放输出最大值 U_{opm} 为 13V，为了匹配此电压，可以适当地配置测量电阻的值。本设计中当电机电流饱和为额定值 1.2A 时，电流互感器输出 I_{fbm} 为 0.0192A，这时输出电压达到运放的饱和输出，也就是 13V，采样电阻计算如式（9.1）所示，取 680Ω。

$$R_m = \frac{U_{opm}}{I_{fbm}} = 677.0833\Omega \tag{9.1}$$

电流反馈系数为

$$\beta = \frac{U_{opm}}{1.2I_n} = 9.03 \tag{9.2}$$

式中，I_n 为电机的额定电流。

9.2.2   电路拓扑设计

变换器的拓扑选型与单闭环直流调速系统类似，桥式电路拓扑如图 9.2 所示，可以实现直流电机的正反转，具体工作原理已在第 8 章中介绍，此处不再赘述。

变换器的拓扑也可以选择 Buck 电路，如图 9.3 所示，此时直流电机只能单一方向转动。

桥式变换器与 Buck 变换器对比：桥式电路需要四个开关管，电路结构复杂，需要考虑死区时间，控制电路复杂。但桥式电路可以在四个象限工作，实现电机正反转运行，而且对管子的耐压和耐流要求不高。Buck 电路只需一个开关管，不用考虑死区时间，控制简单，但在单象限运行。而且由于管子少，对开关管的耐压和耐流要求较高。由于本设计要求电机单象限运行即可，从经济性的角度和控制简单的方面考虑，变换器电路采用 Buck 电路。

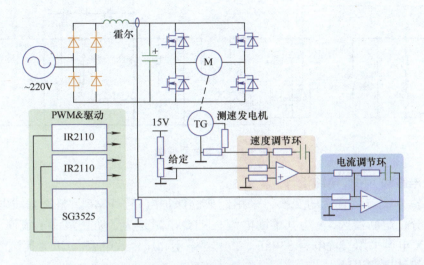

图 9.2 桥式电路拓扑方案

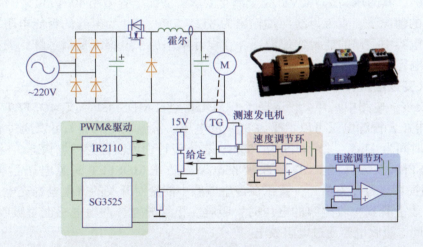

图 9.3 Buck 电路拓扑方案

控制电路分为模拟电路和数字电路。与模拟电路相比，数字电路具有精度高、可靠性高、抗干扰能力强、稳定性好、便于信号计算等优点，市场上多数直流调速系统采用数字控制电路。模拟电路是控制电路的基础，具有成本低、电路实现简单等优势，在精度要求不太高的场合容易实现。因此，在直流调速系统中我们选择了模拟电路控制。

9.2.3　元器件选型设计

基于 Buck 电路的变换器电路实现的功能是根据 MOSFET 器件的通断，改变直流电机电枢两端的电压，从而达到调速的目的。主电路原理图如图 9.4 所示[○]。

[○]　本节的电路原理图均采用 Altium Designer 软件设计。

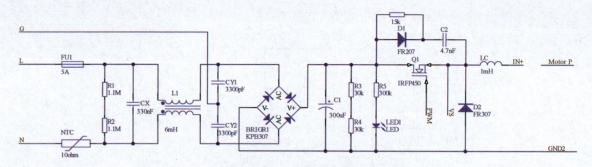

图 9.4　主电路原理图

1. 保护电路和 EMC 电路设计

前级是输入交流到直流的变换，采用经典的保护电路、EMC、整流滤波电路的结构。保护电路部分，熔断器选 5A 为其熔断电流，NTC 电阻是为了防止浪涌电流而设计。EMC 电路部分，X 电容采用安规电容 330nF，Y 电容采用高压瓷片电容。L1 为扼流圈。

2. 整流滤波电路设计

整流电路部分，考虑到电机额定电流为 1.2A，为了可靠，整流桥采用过电流能力为 3A 的 KPB307，其耐压高达 700V，完全满足要求。滤波电容采用 400V/300μF 的电解电容。在外接市电的情况下，直流母线两端输出为 311V，R3、R4 为电容的释能电阻，在系统关机后，能将电容中存储的能量快速消耗。在设计中添加了电容能量指示灯，关机后若指示灯熄灭，则电容中的能量被完全消耗。

3. Buck 变换电路设计

在 Buck 变换电路中，开关管选择了 IRFP450 型 N-MOSFET，该 MOSFET 可以开断高达 500V 的电压，栅源电压可以承受 ±30V 的电压，常温下（25℃）可以通过高达 14A 的电流，开通时间为 43ns，关断时间为 700ns，在本设计中可以视为理想状态。

在 MOSFET 上方并联 RCD 缓冲吸收电路，防止 MOSFET 漏源电压过大，而导致 MOSFET 的损坏。若开关断开，蓄积在寄生电感中能量对开关的寄生电容充电，开关电压上升。其电压上升到吸收电容的电压时，吸收二极管导通，寄生电感也对吸收电容充电。开关导通期间，吸收电容通过电阻放电。

续流二极管采用 FR307 型超快恢复二极管，耐压为 700V，过电流能力为 3A，满足设计要求。电感设计不用太大，因为电机本身就是个大电感，1mH 即可。最后在电枢回路中串入电流互感器，测量电枢电流。

4. 励磁系统设计

由于电机需要直流 220V 励磁源，本设计采用调压器加整流桥的方法将滤波电容的输出调为 220V 即可。

5. PWM 发生器

TL494 芯片是电压驱动型 PWM 控制集成电路，电路内部包含两个误差放大器、一个片上可调节振荡器、一个死区时间控制（DTC）比较器、一个脉冲转向控制触发器、一个 5% 精度的 5V 稳压器以及一些输出控制电路。内置振荡器的振荡频率可以通过外部的一个电阻和一个电容进行调节。输出电容的脉冲是通过电容上的正极性锯齿波电压与另外 2 个控制信号进行比较来实现的。TL494 芯片及其外围电路如图 9.5 所示。

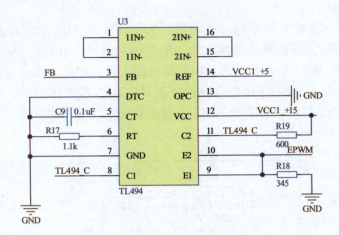

图 9.5 TL494 芯片及其外围电路

本设计中不需要设置死区时间，故 4 脚接地。通过设置电容 C9 和电阻 R17 的值来配置载波振荡频率，振荡频率的计算如下：

$$f_{osc} = \frac{1}{R_{17}C_9} = 10\text{kHz} \tag{9.3}$$

可以配置 $R_{17} = 1.1\text{k}\Omega$，$C_9 = 0.1\mu\text{F}$。根据电路的典型接线，14 脚接 5V 参考电压，12 脚为 15V 供电，其内部两个晶体管 Q1、Q2 的集电极是 C1、C2，发射极是 E1、E2，将两个管子并联，集电极接 15V 电源，发射极接地。在其间配置两个晶体管的上拉和下拉电阻，使其输出高电平为 5V，低电平为 0.1V 的 PWM 波。

6. 光耦隔离电路

本设计中光耦的作用是将 TL494 产生的逻辑信号反相及对主电路和控制电路实现电气隔离，保护信号电路。本设计采用的是进口的单通道 6N137 高速光耦，其外围电路接线如图 9.6 所示。

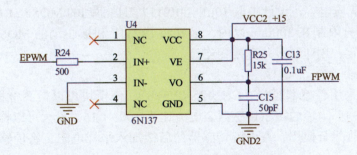

图 9.6 6N137 外围电路接线图

该芯片 2 脚为逻辑侧二极管阳极，3 脚为阴极。当 2 脚接收到高电平，6 脚输出低电平。若 2 脚接收到低电平，则 6 脚输出高电平，从而实现 TL494 的逻辑电平反相，也实现了控制部分和驱动部分的光耦隔离。需要注意的是，在 8 脚和 5 脚之间需要加 0.1μF 的电容进行退耦。

7. 驱动电路设计

驱动电路的作用是接收控制电路的信号，来驱动 MOSFET 的开通和关断。与其他斩波电路不同的是，Buck 电路源极是浮地的，使得驱动电路设计变得复杂。由 IR 公司推出的高压悬浮驱动芯片 IR21×× 系列芯片很好地解决了这一问题。由于本设计只需要一个驱动信号，所以选择 IR 公司专门为单 MOSFET 设计的驱动芯片 IR2117，其外围电路接线如图 9.7 所示。驱动部分是整个电路的关键，是控制部分和主电路的桥梁。

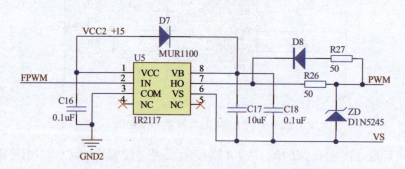

图 9.7　驱动芯片 IR2117 及其外围电路接线图

电容 C16 用作退耦，D7 是自举二极管，C17 和 C18 构成自举电容。在这个 IR2117 应用电路中，关键是高边电源 VB 的获取。当 MOSFET 关断时，续流二极管导通，MOSFET 源极电压为 –0.7V，电源 VCC 通过二极管 D7 对电容 C17、C18 充电至电源电压 15V。当 2 脚输入变高时，MOSFET 导通。由于电容两端电压不能突变，这时 8 脚的电位等于 6 脚的电位加上电容电压 15V，这时触发信号将这个电位再送至 7 脚输出，这样在 MOSFET 导通时，栅源极之间叠加了电容电压 15V 以维持 MOSFET 的开通。

电路中 D7 必须采用超快恢复二极管，反向耐压要超过高压电压，设计中选用超快恢复二极管 MUR1100，反向耐压为 1100V，满足设计要求。在 7 脚增加限流电阻，在其上方并联快恢复二极管，其作用是迅速抽出 MOSFET 关断过程中的反向电流，加速关断过程。在 MOSFET 栅源极之间并联 5V 的稳压二极管，稳定栅源极之间的电压。关于自举电容，应采用高频优质电容，设计中取 10μF。IR2117 与被驱动的 MOSFET 引线应尽可能短，其往返引线长度应限制在 200mm 以内，最好将 IR2117 和被驱动的 MOSFET 布置在同一 PCB 上相近的位置，用印制线路直接相连。

8. 电流传感器

电流传感器采用传感器模块（CHB-25NP/SP6），该模块可以检测电枢回路中的电流。该模块实际上是一个闭环的霍尔传感器。电流比为 1000：16，最大可以检测 2.2A 的电流。为了与电流环运放配合使用，在电流传感器的后级加入采样电阻，将传感器输出电流转换为电压。

9.2.4　控制策略设计

具有转速和电流反馈的双闭环调速系统属于多环控制系统，每一闭环都设有本环的调节器，构成一个完整的闭环系统。设计多环系统的一般方法是，由内环向外环一环一环地设计。对双闭环调速系统，先从内环电流环开始，根据电流控制要求，确定将电流环校正为哪种典型系统，按照调节对象选择调节器及其参数。设计完电流环之后，就把电流环等效为一个小惯性环节，作为转速环的一个组成部分，然后用同样的方法完成转速环的设计。

按工程设计方法设计和选择转速和电流调节器参数，ASR 和 ACR 都采用 PI 调节器。

1. 电流环 ACR 整定与设计

电流调节器的比例系数 K_{pi} 整定如下：

$$K_{pi} = \frac{T_1 R_a}{2\beta K (T_{oi} + T_s)} \tag{9.4}$$

式中，K 为变换器增益；T_{oi} 为电流反馈滤波时间常数；T_s 为变换器的延迟时间。

电流调节器的积分系数 K_{ii} 整定如下：

$$K_{ii} = \frac{K_{pi}}{\tau_i} \tag{9.5}$$

式中，$\tau_i = T_1$。

电路中用运放实现 PI 调节器，原理如图 9.8 所示，电阻 R_0 和电容 C_{oi} 构成输入低通滤波器。

传递函数为

$$U_c = -\left(\frac{R_i}{R_0} + \frac{1}{R_i C_i s} \right)(-U_i + \beta I_d) \tag{9.6}$$

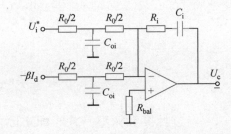

图 9.8　ACR 调节器

相应地，比例系数 K_{pi}、积分系数 K_{ii} 和滤波时间常数 T_{oi} 计算如下：

$$K_{pi} = \frac{R_i}{R_0} \tag{9.7}$$

$$K_{ii} = \frac{K_{pi}}{\tau_i} = \frac{K_{pi}}{R_i C_i} \tag{9.8}$$

$$T_{oi} = \frac{1}{4} R_0 C_{oi} = 0.002\text{s} \tag{9.9}$$

经过计算和调整，并匹配实际阻值和容值，将 $R_0/2$ 选为 20kΩ，即 $R_0 = 40\text{kΩ}$，$R_i = 15\text{kΩ}$，$C_i = 1\mu\text{F}$，$C_{oi} = 0.22\mu\text{F}$。实际电路中选用 20kΩ 电位器作为反馈电阻，方便对 PI 参数进行调节。平衡电阻 $R_{bal} = R_0//R_0 = 20\text{kΩ}$。

2. 速度环 ASR 整定与设计

速度调节器的比例系数 K_{pn} 整定如下：

$$K_{pn} = \frac{(h+1)\beta C_e T_m}{2h\alpha R_a [2(T_{oi} + T_s) + T_{on}]} \tag{9.10}$$

式中，T_{on} 为转速反馈滤波时间常数。

速度调节器的积分系数 K_{in} 整定如下：

$$K_{in} = \frac{K_{pn}}{h[2(T_{oi} + T_s) + T_{on}]} \tag{9.11}$$

电路中用运放实现 PI 调节器，原理如图 9.9 所示，电阻 R_0 和电容 C_{on} 构成输入低通滤波器。

传递函数为

$$-U_i^* = \left(\frac{R_n}{R_0} + \frac{1}{R_n C_n s}\right)(U_n^* - \alpha n) \tag{9.12}$$

相应地，比例系数 K_{pn}、积分系数 K_{in} 和滤波时间常数 T_{on} 计算如下：

$$K_{pn} = \frac{R_n}{R_0} \tag{9.13}$$

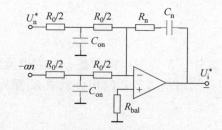

图 9.9 ASR 调节器

$$K_{in} = \frac{K_{pn}}{\tau} = \frac{K_{pn}}{R_n C_n} \tag{9.14}$$

$$T_{on} = \frac{1}{4} R_0 C_{on} = 0.01\text{s} \tag{9.15}$$

经过计算和调整，并匹配实际阻值和容值，将 $R_0/2$ 选为 20kΩ，即 $R_0 = 40$kΩ，$R_n = 500$kΩ，$C_n = 0.33\mu$F，$C_{on} = 1\mu$F。实际电路中选用 1MΩ 电位器作为反馈电阻，方便对 PI 参数进行调节。平衡电阻 $R_{bal} = R_0//R_0 = 20$kΩ。

3. 限幅电路

由于积分器饱和会使得运放饱和，而电机起动的最大电流不能太大，这就需要在转速调节器运放的输出端增加限幅电路，限制电机的最大电流。系统中变换器的输入控制电压也是有限值，也需要在 ACR 的输出端增加限幅电路，以匹配控制电压的值。限幅电路如图 9.10 所示，二极管不导通时正常输出，二极管导通时输出限幅电压等于电位器输出电压叠加运放输出电压。

整 RV9 改变正限幅值，调整 RV10 改变负限幅值。电路中，运放输出正向饱和电压时，调节电位器使得两个二极管中间电压输出为 3V，运放输出负向饱和电压时，调节电位器使得两个二极管中间电压输出为 −0.5V。

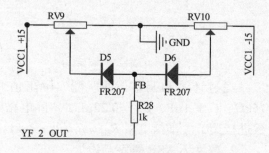

图 9.10 限幅电路

4. 运算放大器

NE5532 是高性能低噪声双运算放大器（双运放）集成电路。与很多标准运放相似，它具有更好的噪声性能、优良的输出驱动能力、相当高的小信号带宽、较大的电源电压范围等特点。在本设计中按照 PI 结构，将一片 NE5532 集成的双运放并联形成一个可靠的 PI 调节器，并将 ASR 和 ACR 调节器级联，形成双闭环，如图 9.11 所示。

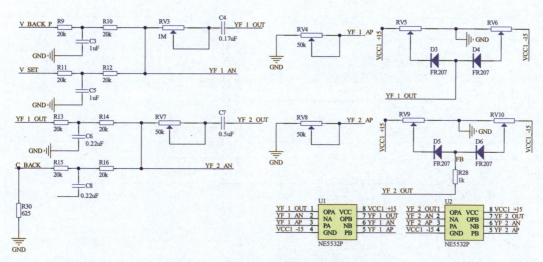

图 9.11　运放 NE5532 构成的 PI 调节器

9.3　实践效果

9.3.1　仿真结果与分析

完成系统 ASR 和 ACR 的设计后，需要对设计的参数进行仿真验证，从而验证设计参数的合理性。本设计采用 MATLAB/Simulink 工具进行仿真，分别从系统的数学模型以及电路模型两方面来说明。

1. 双闭环直流调速系统数学模型仿真

在 MATLAB/Simulink 中建立的双闭环直流调速系统数学模型如图 9.12 所示，空载起动以及突加负载扰动的仿真结果如图 9.13 所示，起动时的超调量为 0.8%，在突加负载时，转速最大动态跌落为 0.05%，并能迅速恢复稳态。带载起动的仿真结果如图 9.14 所示，起动超调量为 0.6%，可以看出起动时间和超调量都小于空载起动。从仿真结果可以看出，起动过程以及负载扰动过程均满足设计要求，从而验证了设计参数的正确性。

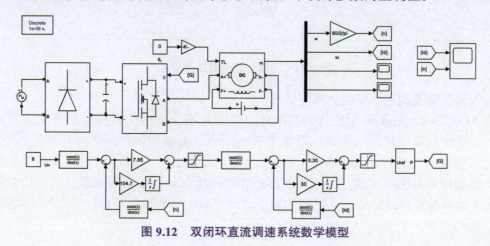

图 9.12　双闭环直流调速系统数学模型

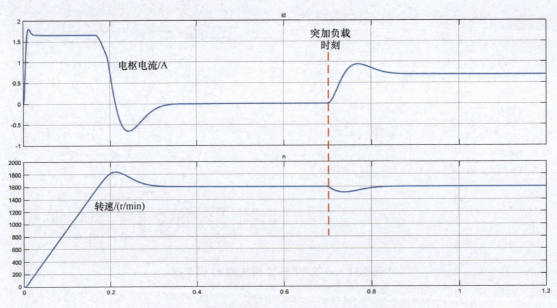

图 9.13　建模仿真空载起动及突加负载扰动波形

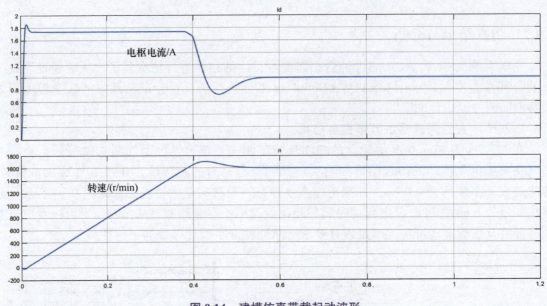

图 9.14　建模仿真带载起动波形

2. 双闭环直流调速系统电路模型仿真

在 MATLAB/Simulink 中建立的双闭环直流调速系统电路仿真模型如图 9.15 所示，空载起动以及突加负载扰动的仿真结果如图 9.16 所示，起动时的超调量为 0.76%，在突加负载时，转速最大动态跌落为 0.042%，并能迅速恢复稳态。带载起动的仿真结果如图 9.17 所示，起动超调量为 0.57%，可以看出起动时间和超调量都小于空载起动。从仿真结果可以看出，起动过程以及负载扰动过程均满足设计要求，从而验证了设计参数的正确性。

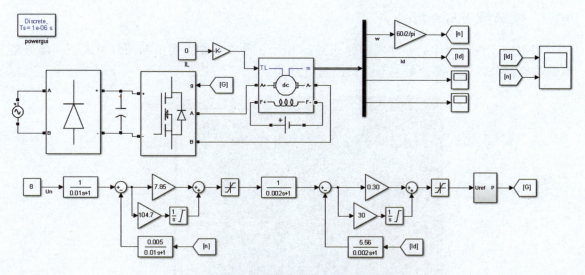

图 9.15　双闭环直流调速系统电路仿真模型

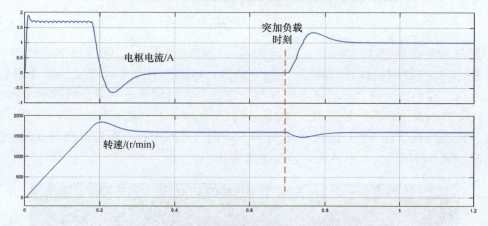

图 9.16　电路仿真空载起动及突加负载扰动波形

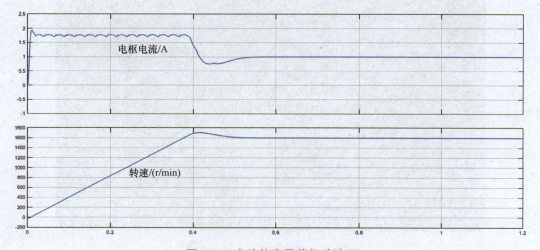

图 9.17　电路仿真带载起动波形

9.3.2 实验结果与分析

根据前述设计制作的硬件实物如图 9.18 所示，硬件实物主要由两部分组成，一部分是电源电路部分，另一部分是主电路及控制电路部分。

图 9.18　硬件实物

空载起动给定转速 1200r/min，测得的电机电枢电流和转速电压反馈曲线的波形如图 9.19 所示。电机空载起动明显经历了三个阶段：电流上升、恒流升速与转速调节阶段。在电流上升阶段，转速调节器的输出电压很快饱和；在恒流升速阶段，转速调节器始终饱和，电机电枢电流始终保持最大值，电机转速以最大值上升；在转速调节阶段，转速达到额定值，转速调节器退饱和。由图 9.19 可知，理论与实际相符，而且电机空载起动阶段基本无超调，调节时间约为 0.5s，响应速度也很快。

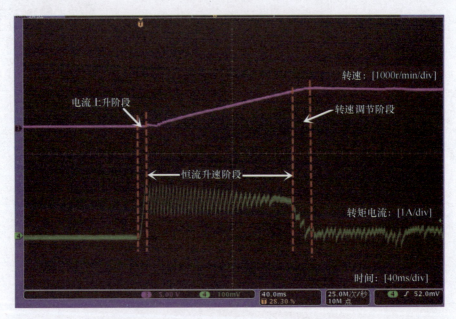

图 9.19　电机空载起动电枢电流与转速波形图

空载起动给定转速 1200r/min，与直流电动机同轴的直流发电机带 200Ω 的负载。测得的电机电枢电流和转速电压反馈曲线的波形如图 9.20 所示。电机满载起动也经历了三个阶段，此处不再赘述。同时可以看到，电机满载起动过程，转速基本无超调，调节时间为 0.3s，十分迅速。

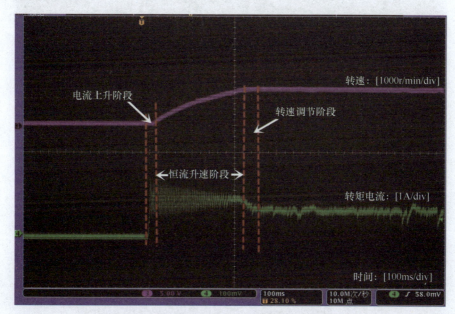

图 9.20　电机满载起动电枢电流与转速波形图

给定转速从 800r/min 突加到 1200r/min，测得的电机电枢电流和转速电压反馈曲线的波形如图 9.21 所示。可见，给定转速突加时，转速立即上升，经过约 0.1s 的调节时间即达到稳定，且几乎无超调。

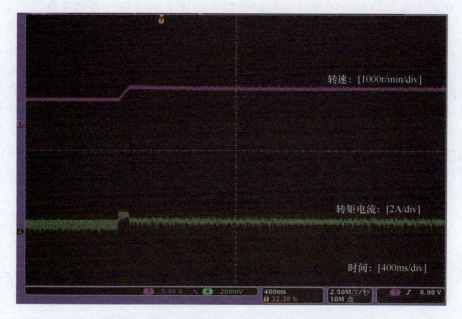

图 9.21　给定阶跃扰动下电枢电流与转速波形图

在转速为 1200r/min 的情况下，负载从满载突减为空载时测得的电机电枢电流和转速电压反馈曲线的波形如图 9.22 所示。可见，负载从满载突减为空载时，负载电流迅速变化，而电机转速有轻微上升，变化不明显。

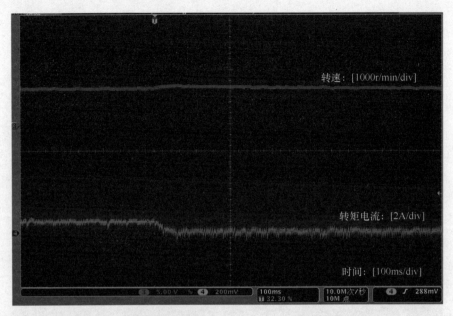

图 9.22　负载从满载突减为空载时电枢电流与转速波形图

9.4　本章小结

本章针对直流电机的双闭环调速控制系统，阐述了电路拓扑方案选择、元器件选型、控制参数设计过程。由于设计指标并没有要求正反转，所以设计中变换器拓扑选用 Buck 电路，控制方式采用模拟控制，选用 TL494 集成芯片产生 PWM 信号，经 6N137 光耦隔离后，经 IR2110 集成芯片产生驱动信号，驱动功率开关器件。在控制器参数设计时，先进行电流内环的电流调节器参数设计，将电流环设计成典型 I 系统，电流调节器用 PI 调节器，速度外环设计成典型 II 系统，速度调节器用 PI 调节器。通过在 MATLAB/Simulink 中搭建仿真模型，分别仿真空载、满载起动时转速反馈和转矩波形。分别在给定突变和负载突变的情况下，通过转速和转矩的变化波形验证系统的动态响应情况。最后设计制作实物样机，验证所设计的双闭环直流调速系统的性能，为双闭环直流调速系统的设计提供参考。

参 考 文 献

[1]   薛永毅，工淑英，何希才.新型电源电路应用实例 [M].北京：电子工业出版社，2001.

[2]   陈伯时.电力拖动自动控制系统（运动控制系统）[M].5 版.北京：机械工业出版社，2016.

[3]   徐德鸿.电力电子系统建模及控制 [M].北京：机械工业出版社，2006.

[4]   史国生.交直流调速系统 [M].北京：化学工业出版社，2011.

[5]   陈纯锴.开关电源原理、设计及实例 [M].北京：电子工业出版社，2012.

[6]   周志敏，纪爱华.开关电源功率因数校正电路设计与应用实例 [M].北京：化学工业出版社，2012.

[7]   徐德鸿，李睿，刘昌金，等.现代整流器技术：有源功率因数校正技术 [M].北京：机械工业出版社，2013.

[8]   张义和，苏蕾.电路板设计 [M].北京：科学出版社，2013.

[9]   宁武，洪奎，孟丽囡.反激式开关电源原理与设计 [M].北京：电子工业出版社，2014.

[10] 周洁敏，赵修科，陶思钰.开关电源磁性元件理论及设计 [M].北京：北京航空航天大学出版社，2014.

[11] Abraham I Pressman, Keith Billings, Taylor Morey. 开关电源设计（第 3 版）[M].王志强，肖文勋，虞龙，译.北京：电子工业出版社，2010.

[12] Simon Ang, Alejandro Oliva. 开关功率变换器：开关电源的原理、仿真和设计（原书第 3 版）[M].张懋，徐德鸿，张卫平，译.北京：机械工业出版社，2014.

[13] Bimal K Bose. 现代电力电子学与交流传动 [M].王聪，赵金，于庆广，等译.北京：机械工业出版社，2013.

[14] Erickson. Fundamentals of power electronics[M]. New York：Springer Press, 2001.

[15] Mohan N, Undeland T M, Robbins W P. Power electronics: converters, applications, and design[M]. New York：John Wiley & Sons Press, 2003.

[16] Cheng W, Chen C. Optimal lowest-voltage-switching for boundary mode power factor correction converters[J] IEEE Transactions on Power Electronics, 2015, 30（2）：1042-1049.

[17] Rahbar K, Chai C C, Zhang R. Energy cooperation optimization in microgrids with renewable energy integration[J]. IEEE Transactions on Smart Grid, 2016, 9（2）：1482-1493.

[18] Sayed M A, Takeshita T, Kitagawa W. Advanced PWM switching technique for accurate unity power factor of bidirectional three-phase grid-tied DC-AC converters[J]. IEEE Transactions on Industry Applications, 2019, 6（55）：7614-7627.

[19] Singh Y, Singh B, Mishra S. Multifunctional control for pv-integrated battery energy storage system with improved power quality[J]. IEEE Transactions on Industry Applications, 2020, 56（6）：6835-6845.

[20] Yu H, Castelli-Dezza F, Cheli F, et al. Dimensioning and power management of hybrid energy storage systems for electric vehicles with multiple optimization criteria[J]. IEEE Transactions on Power Electronics, 2020, 36（5）：5545-5556.

[21] Li Y, Zhu Z. A constant current control scheme for primary-side controlled flyback controller operating in DCM and CCM[J]. IEEE Transactions on Power Electronics, 2020, 35（9）：9462-9470.

[22] Indira K G, Kumar T R. Single-phase unidirectional AC-DC PFC converter with switched capacitors[J]. International Journal of Electronics, 2021, 108（2）：305-321.

[23] Zeng J, Du X, Yang Z. A multiport bidirectional DC-DC converter for hybrid renewable energy system

integration[J]. IEEE Transactions on Power Electronics, 2021, 36（11）: 12281-12291.

[24] Karakasli V, Allioua A, Griepentrog G. Common-mode EMI noise modeling of three level T-type inverter for adjustable speed drive systems[C]. Darmstadt, Germany: IEEE ECCE Europe, 2022.

[25] Yue Y, Wang G. An LLC-based single-stage step-up AC/DC resonant converter without boost circuit for ev charging with high power factor[J]. IEEE Transactions on Power Electronics, 2024, 39（6）: 7156 - 7166.

[26] Chatterjee D, Kapat S, Kar I N. Online digital PID control tuning in voltage-mode boost converters for shaping the output impedance[C]. Long Beach, California, USA: IEEE APEC, 2024: 1882-1887.